格致方法·定量研究系列　吴晓刚　主编

计算机辅助访问

[荷] 威廉·E.萨里斯（Willem E.Saris）
武玲蔚　译
周穆之　校

SAGE Publications ,Inc.

格致出版社　上海人民出版社

出版说明

由香港科技大学社会科学部吴晓刚教授主编的“格致方法·定量研究系列”丛书，精选了世界著名的SAGE出版社定量社会科学研究丛书，翻译成中文，起初集结成八册，于2011年出版。这套丛书自出版以来，受到广大读者特别是年轻一代社会科学工作者的热烈欢迎。为了给广大读者提供更多的方便和选择，该丛书经过修订和校正，于2012年以单行本的形式再次出版发行，共37本。我们衷心感谢广大读者的支持和建议。

随着与SAGE出版社合作的进一步深化，我们又从丛书中精选了三十多个品种，译成中文，以飨读者。丛书新增品种涵盖了更多的定量研究方法。我们希望本丛书单行本的继续出版能为推动国内社会科学定量研究的教学和研究作出一点贡献。

总 序

2003年，我赴港工作，在香港科技大学社会科学部教授研究生的两门核心定量方法课程。香港科技大学社会科学部自创建以来，非常重视社会科学研究方法论的训练。我开设的第一门课"社会科学里的统计学"(Statistics for Social Science)为所有研究型硕士生和博士生的必修课，而第二门课"社会科学中的定量分析"为博士生的必修课(事实上，大部分硕士生在修完第一门课后都会继续选修第二门课)。我在讲授这两门课的时候，根据社会科学研究生的数理基础比较薄弱的特点，尽量避免复杂的数学公式推导，而用具体的例子，结合语言和图形，帮助学生理解统计的基本概念和模型。课程的重点放在如何应用定量分析模型研究社会实际问题上，即社会研究者主要为定量统计方法的"消费者"而非"生产者"。作为"消费者"，学完这些课程后，我们一方面能够读懂、欣赏和评价别人在同行评议的刊物上发表的定量研究的文章；另一方面，也能在自己的研究中运用这些成熟的方法论技术。

上述两门课的内容，尽管在线性回归模型的内容上有少量重复,但各有侧重。"社会科学里的统计学"从介绍最基本的社会研究方法论和统计学原理开始,到多元线性回归模型结束,内容涵盖了描述性统计的基本方法、统计推论的原理、假设检验、列联表分析、方差和协方差分析、简单线性回归模型、多元线性回归模型,以及线性回归模型的假设和模型诊断。"社会科学中的定量分析"则介绍在经典线性回归模型的假设不成立的情况下的一些模型和方法,将重点放在因变量为定类数据的分析模型上,包括两分类的 logistic 回归模型、多分类 logistic 回归模型、定序 logistic 回归模型、条件 logistic 回归模型、多维列联表的对数线性和对数乘积模型、有关删节数据的模型、纵贯数据的分析模型,包括追踪研究和事件史的分析方法。这些模型在社会科学研究中有着更加广泛的应用。

修读过这些课程的香港科技大学的研究生,一直鼓励和支持我将两门课的讲稿结集出版,并帮助我将原来的英文课程讲稿译成了中文。但是,由于种种原因,这两本书拖了多年还没有完成。世界著名的出版社 SAGE 的"定量社会科学研究"丛书闻名遐迩,每本书都写得通俗易懂,与我的教学理念是相通的。当格致出版社向我提出从这套丛书中精选一批翻译,以飨中文读者时,我非常支持这个想法,因为这从某种程度上弥补了我的教科书未能出版的遗憾。

翻译是一件吃力不讨好的事。不但要有对中英文两种语言的精准把握能力,还要有对实质内容有较深的理解能力,而这套丛书涵盖的又恰恰是社会科学中技术性非常强的内容,只有语言能力是远远不能胜任的。在短短的一年时间里,我们组织了来自中国内地及香港、台湾地区的二十几位研究生参与了这项工程，他们当时大部分是香港科技大学的硕士和博士研究生，受过严格的社会科学统计方法的训练，也有来自美国等地对定量研究感兴趣的博士研究生。他们是香港科技大学社会科学部博士研究生蒋勤、李骏、盛智明、叶华、张卓妮、郑冰岛，硕士研究生贺光烨、李兰、林毓玲、肖东亮、辛济云、於嘉、余珊珊，应用社会经济研究中心研究员李俊秀；香港大学教育学院博士研究生洪岩璧；北京大学社会学系博士研究生李丁、赵亮员；中国人民大学人口学系讲师巫锡炜；中国台湾“中央”研究院社会学所助理研究员林宗弘；南京师范大学心理学系副教授陈陈；美国北卡罗来纳大学教堂山分校社会学系博士候选人姜念涛；美国加州大学洛杉矶分校社会学系博士研究生宋曦；哈佛大学社会学系博士研究生郭茂灿和周韵。

参与这项工作的许多译者目前都已经毕业，大多成为中国内地以及香港、台湾等地区高校和研究机构定量社会科学方法教学和研究的骨干。不少译者反映，翻译工作本身也是他们学习相关定量方法的有效途径。鉴于此，当格致出版社和SAGE出版社决定在“格致方法·定量研究系列”丛书中推出另外一批新品种时，香港科技大学社会科学部的研究生仍然是主要力量。特别值得一提的是，香港科技大学应用社会经济研究中心与上海大学社会学院自2012年夏季开始，在上海(夏季)和广州南沙(冬季)联合举办《应用社会科学研究方法研修班》，至今已经成功举办三届。研修课程设计体现“化整为零、循序渐进、中文教学、学以致用”的方针，吸引了一大批有志于从事定量社会科学研究的博士生和青年学者。他们中的不少人也参与了翻译和校对的工作。他们在繁忙的学习和研究之余，历经近两年的时间，完成了三十多本新书的翻译任务，使得“格致方法·定量研究系列”丛书更加丰富和完善。他们是：东南大学社会学系副教授洪岩璧，香港科技大学社会科学部博士研究生贺光烨、李忠路、王佳、王彦蓉、许多多，硕士研究生范新光、缪佳、武玲蔚、臧晓露、曾东林，原硕士研究生李兰，密歇根大学社会学系博士研究生王骁，纽约大学社会学系博士研究生温芳琪，牛津大学社会学系研究生周穆之，上海大学社会学院博士研究生陈伟等。

陈伟、范新光、贺光烨、洪岩璧、李忠路、缪佳、王佳、武玲蔚、许多多、曾东林、周穆之，以及香港科技大学社会科学部硕士研究生陈佳莹，上海大学社会学院硕士研究生梁海祥还协助主编做了大量的审校工作。格致出版社编辑高璇不遗余力地推动本丛书的继续出版，并且在这个过程中表现出极大的耐心和高度的专业精神。对他们付出的劳动，我在此致以诚挚的谢意。当然，每本书因本身内容和译者的行文风格有所差异，校对未免挂一漏万，术语的标准译法方面还有很大的改进空间。我们欢迎广大读者提出建设性的批评和建议，以便再版时修订。

我们希望本丛书的持续出版，能为进一步提升国内社会科学定量教学和研究水平作出一点贡献。

吴晓刚

于香港九龙清水湾

目 录

序

当前，测量公共意见出现了革命性的进展，其中心就是计算机辅助访问。从 20 世纪 30 年代盖洛普公司声誉鹊起开始，科学的调查研究主要通过对受访者的面对面、纸笔采访进行。然而，在 20 世纪 80 年代，计算机辅助电访（CATI）开始替代这种面对面的方式。与之前在受访者家中进行采访不同，CATI 的访问员在办公室中，面对着终端，通过电话对受访者进行提问，并将答案输入电脑。在美国，当今大多数全国范围的调查都包含某些形式的 CATI，很少采用面对面访问。

在这本小册子中，萨里斯教授就对上面提到的 CATI 以及其他形式的计算机辅助数据搜集方式（CADAC）进行了介绍。比如，他在第 2 章讨论了计算机辅助个人访问（CAPI）、计算机化的自我管理问卷（CSAQ）、计算机辅助的面板研究以及按键式数据输入（TDE）。一些计算机辅助访问技术的支持者可能会草率地认为这一方法比传统方法更快、更经济。然而，萨里斯教授对此的意见则较为谨慎，他仅认为这一方式可以提高潜在的数据质量。比如，当受访者接受采访的时候，数据清理就可以进行；而当研究问题替换带来次序效果时，研究者可以方便地将这一替换进行随机化；同时，访问员的行为可以随时被检测，而编码异常值也可以随时处理。

然而，运用计算机辅助访问并不是没有困难的。一个主要的挑战在于问卷设计，对这一点，萨里斯教授进行了详细的讨论（第 3 章）。另一个重要的问题是如何在众多程序中进行选择。在第 4 章中，作者讨论了 CADAC 的一系列硬件和软件的选择。

尽管计算机辅助访问的出现并没有很长的历史，但它给传统方法中的一些问题提供了非常好的解决方案。比如，在处理面板研究中的高退出率（high-attrition problem）问题时，萨里斯教授使用了电访系统（tele-interview system），对荷兰家庭的一个随机样本的访问在其家中的个人电脑上进行，他们的回答会自动返回中央计算机中。有了这样的系统，面板研究就能够得到多期的数据，且退出问题不大。这个例子以及其他 CADAC 的优势，在萨里斯教授的这本小册子中都有讨论。

迈克尔·S.刘易斯-贝克

致谢

我想感谢我的博士生们在本书写作过程中与我不间断地讨论。我还想感谢我的同事迈克尔·S.刘易斯-贝克、罗伯特·格鲁夫、德克·斯科尔、米克·库珀、卡罗尔·豪斯、哈姆·哈特曼,以及两位匿名评审者对本书提出的意见。

前　言

任何参与过调查研究的人都知道,这项工作需要投入大量的人力、物力和财力。人们需要设计、撰写、打印并通过信件发送问卷,等待受访者回答并将其寄回,然后对回答进行编码,输入计算机并且对其进行检查。在这些步骤之后,数据的分析工作才能开始。

在数据搜集过程中使用计算机能够减少相当一部分工作量。在计算机辅助数据搜集(CADAC)过程中,访问程序能够在电脑屏幕上展现问题,并对受访者的回答进行即时记录。通过这种方式,我们可以省去打印和邮寄问卷、对答案的编码以及数据录入的麻烦。如果我们还能够对访问过程进行更精心的设计,数据核查与输入工作就可以得到相当的缩减。从这个意义上看,计算机辅助访问是更快、更经济的。然而,尼科尔斯和格罗夫斯(Nicholls and Groves, 1986)则指出,这一论点的论据并不充足。

CADAC 被推崇还有另一个原因。尼科尔斯(Nicholls, 1978)、格罗夫斯(Groves, 1983)、芬克(Fink, 1983)、德克尔和多恩(Dekker and Dorn, 1984)以及其他研究者都认为

(CADAC)会提高数据质量。他们认为,通过自动跳转和编码、一致性检查以及其他方法,数据质量能够得到提高。然而,这方面很少有相关的支持性证据(Groves and Nicholls, 1986)。

然而,CADAC的使用每年都在增长。这一革命从20世纪70年代的计算机辅助电话访问(CATI)开始,现在已经在商业机构、大学和政府中被广泛使用(Nicholls and Groves, 1986; Spaeth, 1990)。CATI的总数是未知的,但是在全世界范围内大概多于1 000(Gonzalez, 1990)。在1988年,美国政府就已经有超过50处安装CATI了。现在,国家农业统计服务处每年进行超过125 000个CATI访问。

在此之后,人们又引入了计算机辅助个人访问(CAPI)技术。美国和欧洲的政府机构(Thornberry, Rowe, and Bigger, 1990; van Bastelaer, Kerssemakers, and Sikkel, 1998)和欧洲的市场调查公司都开始运用这一技术来搜集数据。在荷兰,荷兰统计局开发的CAPI程序发展很快,从五年前的接近于零到1990年每月增长3 000个用户。

所有大型商业公司也有了CAPI设备。我们可以从大多数西欧国家和美国看到相同的趋势。同样,我们也能在商业领域的实验中看到计算机辅助访问的应用,其中没有访问员的参与。所有这些都是为面板研究设计的。一些人使用了视讯系统(Clemens, 1984),其他人使用了家庭计算机(de Pijper and Saris, 1986a)或者电脑网络(Gonzalez, 1990; Kiesler and Sproull, 1986)。人们也开始尝试使用按键电话(Clayton and Harrel, 1989)和语音识别(Winter and Clayton, 1990)。后两个程序仅仅被小规模地应用于商业中。有了家庭电脑系统,也即电访,荷兰每年可以进行150 000次访问。

CADAC的持续发展表明下列三个优势中至少一个是成立的：速度的加快、成本的减少以及数据质量的提高。对于不同的项目，它们可能还会同时成立。一方面，如果人们并不想提高数据质量，CADAC无疑也会快速便宜地实现这一目标。另一方面，通过使用CADAC的新技术，复杂研究可以更容易地进行，但是可能并不会比传统项目更迅速、更便宜。对于本书而言，许多问题都是很有意思的。比如：

- 为了维持电脑系统，我们需要考虑额外设备和额外雇员的成本收益对比。
- 在访谈过程中需要的额外技术，以及对访问员的培训时间以及无应答的处理。
- 程序的弹性。
- CADAC系统的引入对研究机构的影响。

然而，在本书中，我们并不想讨论这些问题。我们希望集中讨论如何提高数据质量，因为这一点是所有社会科学家在搜集数据的过程中所关心的核心问题，而使用CADAC的确可以提高数据质量。一个这方面的例子是由托尔托拉(Tortora, 1985)给出的，他说明在普通调查中，有77%的数据错误需要通过再次联系受访者确认，而使用CADAC进行在线核查的话就可以解决这些问题(具体来说，该程序在访问过程中检查并要求改正不一致性)。然而，这一优势也并不容易获得：在完成问卷设计之后，还有很多的工作需要进行。在这一方面，研究者需要考虑以下几个方面(House and Nicholls, 1988)：

- 跳转指令。
- 指定填充。
- 在线核查一致性和异常值。
- 帮助界面。
- 输入问题答案。
- 记录答案的方式。

在这一过程中,我们可以用到更多的方法。但有一件事是肯定的:计算机辅助访问不仅需要很多教科书中提到的问卷设计技术(比如,Converse and Presser, 1986; Sudman and Bradlurn, 1974),还需要很多新的技术。这本书的目的就是提供给读者有关这些技术的一些概念,以及在这一过程中会遇到什么问题的指示。

在第1章中,我们介绍了计算机辅助访问的概况。在第2章中,我们讨论了计算机辅助访问在访问员管理的访问中、受访者自主管理的访问中以及面板调查中的技术运用。在第3章中,我们讨论了CADAC问卷的设计。在第4章中,我们对计算机辅助访问程序的主要特征进行了介绍,特别是当人们希望买入这些程序的时候。

我们还给出了研究问卷的一些例子。这些例子并不局限于某个特定的访问程序。我们主要关心的是它的逻辑,而不是具体内容。在本书中,我们对这些例子给出了相应的注释(Baker and Lefes, 1988)。在这种问卷中,它们与普通纸面问卷的关系是明确的,同时我们也额外给出了针对计算机辅助访问的一些批注。有很多软件用到了非常不同的程序,但理解本书中讨论的程序对于问卷设计者而言已经够了。

第1章

计算机辅助访问

个人访问和电话访问包括一系列访问员与受访者之间的特殊对话。在这样的对话中,访问员的职责是相当复杂的。他/她需要做下面的事情:

- 取得受访者的合作。
- 展示信息、问题、答案类别以及问题提示。
- 动员受访者回答问题。
- 为受访者的诚实作答提供足够的隐私保障。
- 防止受访者讲述不相关的事迹。
- 检查回答是否合适。
- 在受访者没有正确理解问题的情况下给予帮助。
- 将回答按照类别进行编码,或者直接记录。
- 寻找下一个问题。

与访问员的职责相比,受访者也有任务,不过相对比较简单。他/她需要做到下面的事情:

- 理解问题。
- 从记忆(或书面记录)中寻找信息。

- 口头或书面回答问题。
- 必要时将其答案按照编码书进行编码。

面对以上众多任务,有人也许会质疑访问员和受访者是否仅通过一次访问就能够完成全部任务。然而令人惊讶的是,一般而言,访问过程能够顺利进行,参与者也能够较好地完成其中的任务。但这并不意味着访问在过去没有受到批评。某些批评证明了受访者由于错误地理解问题(Belson, 1981; Molenaar, 1986; Schuman and Presser, 1981)、受到社会期望的影响(Bradburn, Sudman, Blair, and Stockiing, 1978; Kalton and Schuman, 1982; Phillips and Clancy, 1970),或者受到答案设定的影响从而提供了有偏误的信息(Converse and Presser, 1986; Schuman and Presser, 1981)。其他研究关注了访问员效应(比如,Dijkstra and van der Zouwen, 1982; Groves, 1989)。布鲁因斯马、萨里斯和高霍弗尔(Bruinsma, Saris, and Gallhofer, 1980),安德鲁斯(Andrews, 1984),范多恩、萨里斯和洛奇(van Doorn, Saris, and Lodge, 1983),以及萨里斯(Saris, 1988)的研究已经证明了回答度量的选择对研究结果有显著的影响。另外,文献中也有关于回忆过往信息失败的研究(Sikkel, 1985; Sudman and Bradburn, 1973, 1974)。这些研究(其中很多用到了日记)会对受访者提出很多的要求,从而具有很高的无应答率而因此不成功。近年来,使用电子设备来代替日记记录人们的行为具有上升趋势。现代技术允许记录某些行为,比如看电视、使用电话、购买消费品,等等,而不需要在进行这些活动时对人们进行访问。在设计一些无妨碍的测量工具时

(Webb, Campbell, Schwartz, and Sechrest, 1981),这些系统能够取代通常不可靠的日记,因此是很有前途的(关于此方面发展的一个回顾性文章,参见 Saris, 1989)。如果这些访问程序被证明是有效率的,这无疑会是数据搜集(特别是行为数据)上的一次革命。然而,本书并不打算在这方面的发展上做过多介绍;相反,本书会继续关注通过问卷搜集数据。

除上述方法问题外,在访问中还可能出现一个问题,就是访问的成本。在美国,面对面的访问成本相当高,以至于大多数研究都是用电话访问或者邮件访问完成的。

其他的问题还包括完全拒绝访问,这在大城市特别容易出现。在一些比较复杂的文件中,也会出现部分无应答的问题。

最近发展的以计算机为基础的访问和数据搜集能够部分地解决以上的问题。下面,我们将讨论在过去,计算机辅助访问是如何逐步取代纸笔访问步骤的,但首先,我们需要考虑计算机辅助访问替代纸笔访问或者替代一个访问员所需要的条件。

第 1 节 | CADAC 作为纸面问卷的替代

一个计算机访问的程序至少应当能够替代一份纸面问卷。更加有野心的目标就是这一程序甚至可以替代访问员，或至少将访问员所需做的工作量减少到最低。我们可以想象电脑程序从事所有的行政工作，而它们往往能够比访问员做得更好。访问员只需动员、激励受访者以及向受访者解释问题，电脑程序在这些方面比不上访问员。

电脑程序替代纸面问卷的要求如下：

- 在屏幕上展示信息、问题、答案类别以及指导性文字。
- 录入和登记答案。
- 跳转至下一个问题。

这些要求是最低限度的，所有的访问程序都能够执行这些任务。然而，这些看起来简单，做起来却并不容易，原因在于任何的问题都有可能发生，因此电脑必须对这些可能回答的类型（比如，数值型还是字符型）、大小有一定的了解。为了在屏幕上展示一个问题，电脑程序必须掌握以下的信息（Nicholls and House，1987）：

- 问题的类型。
- 答案的大小。
- 数据的存储。
- 文本的开始。
- 文本的结束。

所有计算机访问程序必须处理以上任务，虽然不同软件处理的方式并不相同。例如，一些程序提供的计算机程序语言可以灵活使用但很不直观；另外一些程序在解释方面做得很好，并尽可能接近一般的访问形式（de Bie, Stoop, and de Vries, 1989）。一些是问题导向的，另一些则是以屏幕、表格为基础的（Nicholls, 1988）。然而一如我们上文中提到的，不管我们使用什么程序，我们必须提供一些额外的信息。在例子中，我们使用 INTERV 程序（de Pijper and Saris, 1986b）提供的语言，因为这一程序（解释器）能让我们清楚看出问题中的哪一部分是用来指导电脑运行的。

让我们来看一个普通的问题在访问程序中是如何表达的。我们拿“你今年多大了？”这个问题为例。为了在访问程序中指定这个问题从而使其呈现到屏幕上，它的命令参见例1（图 1.1）。[①] 为了使得这个程序能够运行，指导计算机运行的命令文字必须和需要在屏幕显现的文字区分开来。因此，所有命令文字在本书中用粗体标示，而需要出现在屏幕上的文字用正常字体呈现。

---

① 由于本书所介绍的 INTERV 程序都是以英文书写的，因此为保证程序叙述的前后一致性，我们对程序图中的英文不作翻译，仅提供程序屏幕显示内容的翻译。读者可以从图表的相应介绍中了解图表的内容。——译者注

```
Type=Num range=[10 120] var=Age
How old are you?
(type the answer below)
END
```

图 1.1　例 1

在例 1 中,图 1.1 第一行包括以下信息:问题类型(数值)、可接受的回答范围(10 到 120),以及问题应当被存储的位置(在变量 *age* 中)。在这一行之后,第二行是问题。因为这些文字没有加粗,因此程序自动认为这些部分是需要直接在屏幕上显现的。研究者可以通过将不同的文字放置到不同位置来完全控制屏幕输出效果。接下来一行是指示性的命令文字,它的作用是指示屏幕输出在何处停止。一般来讲,下一个说明性命令自动终止前文的输出。如果之后没有更多问题,那么问卷以标记“END”来终止。

如果将这个小型的访问程序放进电脑,那么受访者将看到如图 1.2 的效果图。这个例子展示了电脑程序是如何将事先写好的指令转化为屏幕输出的。

```
How old are you?
(type the answer below)
你多大了?
(在下面输入回答)
```

图 1.2　例 1 的屏显输出

如果访问者将回答(比如“25”)记录下来,这个数值将被自动记录在变量 *age* 中,并且可以在随后访问中的任何一处使用。

在这个简单得只有一个问题的问卷中，我们没有必要指定在第一个问题后跳转到哪个问题。例 2(图 1.3)是一个较长问卷的例子，里面包含了不同的问题和跳转情形。

这个更加实际的例子将更清楚地展示一个访问程序需要具备的不同特性。这些特性包括：

- 指示文字与屏显文字必须被区分开来(是否加粗)。
- 回答的类型必须被指定(通过 type=)。
- 回答的范围需要被指定(通过 range=[a b])。
- 回答的存储必须是有组织的(在数据集中，并在某个变量中)。
- 屏显的开始和结束必须被指定。
- 问题跳转必须被指定(条件)。

例 2(图 1.3)展示了程序是如何满足这些不同的要求的。这一访问以一个提示屏显开始，第一行是“提示”，因此程序并没有期待相应的应答。在提示屏显之后，有七个问题。不同问题可能具有不同的类型。这里的问题类型所要求的答案包括：数值型(type=num)、自答类别(type=cat)、5 分制量表(type=rating)、时间尺度(type=time)，以及开放问题(type=open)。一个程序可以提供许多类型。比如，在(INTERV)程序中，有 16 种不同类型的问题，包括提示度量(line-production)、结构已定的类别度量(prescructured-category scales)、多选择度量、金钱度量，以及自动编码度量。

跳转是通过计算机程序自动完成的。跳转可以按照不同的方式安排。这里，跳转是按照条件陈述(conditional

statements，也即以“Condition”开始的命令行)的。这与平常访问时的跳转指示非常相像(比如，“仅对有工作的人进行提问”)。在这个例子里面，这一指示是写在程序里的，而程序

```
Information
    In this interview, we would like to
    ask you about your activities.
# of Questions=7
Type=cat range=[0 1] var=work
Do you have a job?
    0  No
    1  Yes
Type=open var=job
Condition Work=1
    What is your occupation?
    (describe the occupation as fully as possible)
Type=num range=[0 20] var=hours
Condition Work=1
    How many hours did you work yesterday?
Type=time var=time
Condition Work=1
    At what time did you start your work?
Type=cat range=[1 6] var=other
Condition Work=0
    What is your situation?
    1. housewife
    2. pensioner
    3. student
    4. unemployed
    5. disabled
    6. other
Type=code var=act
Condition Work=0
    What was your main activity yesterday?
Type=rating text=var
    Did you enjoy your day or not yesterday?
    terrible       very pleasant
    day               day
END
```

图1.3 例2

将根据受访者对前面问题的回答决定下一个问题。其他的程序我们稍后讨论。结果屏显如例 2 的图 1.4 所示。

图 1.4 展示了这一问卷中的两种路径。选择哪个路径取决于问题“你是否有工作?”以及存储这一问题答案的变量 *work*。

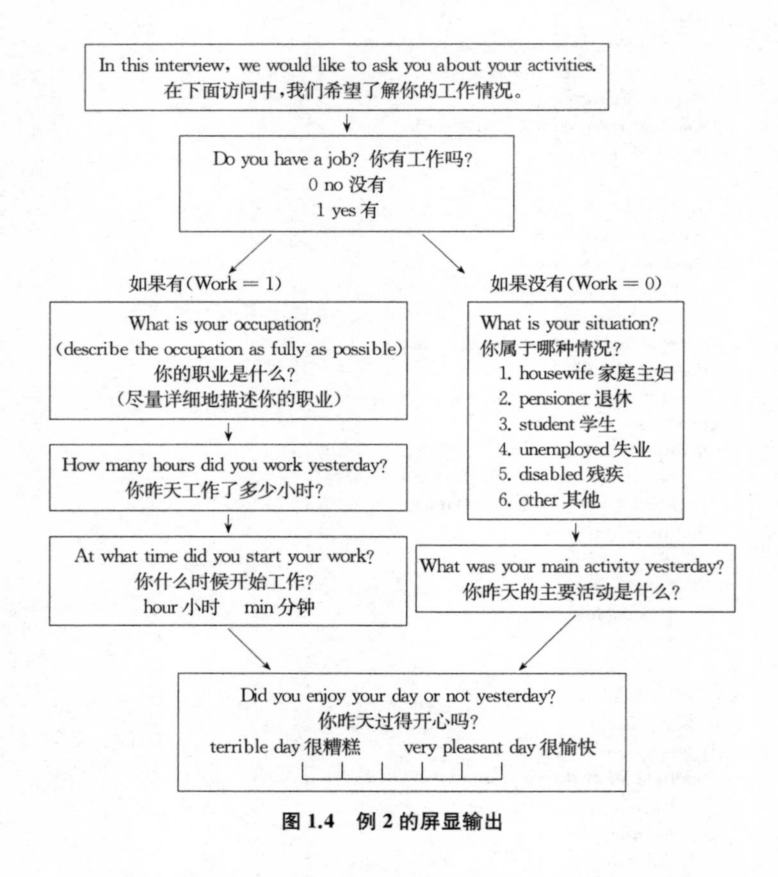

图 1.4 例 2 的屏显输出

这个延伸的例子表明制作一个能够替换纸面问卷的电脑程序并不困难。事实上,两者的区别并不大。电脑问卷仅仅需要对电脑多给出一些指示。

第 2 节 | CADAC 作为对访问员的部分替代

接下来，让我们来看一个电脑访问程序完全替代问卷与访问员的例子，这种情形需要更多的指示。我们再看一下之前对访问员的要求，下面的任务并不能被电脑访问程序完全完成。

- 取得受访者的合作。
- 展示信息、问题、答案类别以及问题提示。
- 动员受访者回答问题。
- 对受访者的诚实作答提供足够的隐私保障。
- 防止受访者讲述不相关的事迹。
- 检查回答是否合适。
- 在受访者没有正确理解问题的情况下给予帮助。
- 将回答按照类别进行编码，或者直接记录。
- 寻找下一个问题。

很明显的是，电脑程序并不能像访问员那样完成社交任务。然而，这并不一定意味着电脑访问程序在各方面都表现得更差。比如，受访者不会给电脑讲述不相关的事情，但他们通常更有可能对着电脑而非访问员透露平时不愿对人启齿的行为。但是，这里我们主要关心一些电脑程序能跟访问员一样优秀地完成的任务，它们包括：

- 检查回答是否合适。
- 在受访者没有正确理解问题的情况下给予帮助。
- 将回答按照已设定的类别进行编码。
- 记录回答。

访问员检查答案是否正确（如查看答案范围）的可能性很有限。一个电脑程序不仅能够检查这一点，并且能够核对答案与一致信息来检查答案的合理性。

在必要的时候，访问员当然可以对受访者提供帮助。但是如果一个研究程序设计得很好，那么我们同样能够在访问程序中嵌入帮助选项。

对于访问员而言，编码是一项非常耗时和艰难的工作。在他们集中精力编码的同时，还必须与受访者保持联系，这有可能引起问题。两个电脑程序步骤能够代替访问员或者受访者对答案进行编码。

最后，提供一个允许人们写下简短评论的编辑工具并不困难。经验表明，受访者一开始对这类事情非常排斥，但之后他们越来越喜欢这样的事。

例 3(图 1.5)展示了以上的可能性是如何在一个程序中实现的。这个例子是一个关于吸烟的典型的市场调查。这个问卷以一个有关吸烟的常见问题开始，但是很快人们会发现，研究者只对消费者购买的香烟的类型和品牌感兴趣。问卷中对应的编码文字非常容易理解，如果考虑跳转将更易于理解。在这种情形下，对于每个问题的答案，指示将说明按照顺序受访者下一个将回答哪个问题。比如，如果第一个问题的答案是“yes”(是)，那么下一个问题就是“what”(什么)；而如果第一个问题回答是“no”(否)，那么下一个问题就是“end”(结束)，问卷就会跳到最后从而终止。因此，这个程序显示只有对香烟的购买者才会回答后续的问题。这些受访者购买的香烟特征会通过后续三个问题得到。根据使用的类别值，访问可以通过三个“树形”问题辨别出七种类型的吸烟者：

1 雪茄
211 卷烟、滤嘴香烟、低焦油香烟
212 卷烟、滤嘴香烟、高焦油香烟
221 卷烟、无滤嘴香烟、低焦油香烟
222 卷烟、无滤嘴香烟、高焦油香烟
3 手卷烟
4 烟斗

这种树形问题将根据不同问题的回答类别编码自动产生上述编码。比如，如果一个人购买雪茄，那么对于第一个问题的编码则是“1”。如果一个人买的是低焦油滤嘴香烟，那么树形问题的答案分别是2、1和1，因此其编码为211。这被称做“树形编码”(tree-structured coding)，因为通过回答这样一个树形结构的问题，受访者的行为可以被编码。

当然，这是一个非常简单的例子，但同样的方法已经被应用到更复杂的情形中：劳动调查中的职业编码(150 个不同类别)、公司编码(100 个类别)、时间利用研究(Verweij, Kalfs, and Saris, 1986)中的活动(350 个类别)，以及消费者行为调查(Hartman and Saris, 1991)中的消费产品(3 000 个类别)。这一程序能够帮助人们避免使用一本详尽的编码书。一种可能的假设是，这能够减少人们在访问中的工作量从而带来更精确、更可靠的结果，但是对这一点，目前并没有相应的具体研究。

在例 3 的第三部分(图 1.5)，香烟的牌子是一个开放性问题。在这个问题之后的代码是编码书里的类别，此类别是用来通过与香烟品牌进行“串数组匹配”(string matching)从而将答案区分开来的。这些代码并不会出现在受访者所见的屏幕上。因为受访者在书写香烟品牌的回答时会犯错，在制作编码书时，我们考虑到了这一点，因此能够接受受访者犯错。有两种方法可以实现这一目标。第一，可以指定所有预期的错误(参见长红香烟和骆驼牌香烟)。第二，可以让计算机根据这个词汇的部分特性进行匹配，剩余的部分以横线代替(参见万宝路和好彩香烟)。

以上的编码过程，无论是树形问题还是串数组匹配，都具有同样的目的，就是减轻访问员编码的负担。但具体应当采用哪一种方式，则取决于研究者的研究内容以及他们的偏好。但是无论哪一种方法，都需要提前做大量的研究工作。

例 3(图 1.5)的最后两个问题说明了访问程序里帮助、检查、反馈的内容。第一个问题是询问价格。在检查了回答是否正常(落在规定的区间之内)后，第二个问题以告诉电脑这是一个开放性的问题开始，带出一个帮助屏幕，并且给出其

```
Information
    In this interview, we would like to
    ask you about your shopping.
# of questions=7
Type=cat range=[1 2] var=shop
    Did you buy anything to smoke yesterday?
    1 yes ------► what
    2 no ------► end
Type=tree range=[1 4] var=what
    What did you buy?
    1. cigars                       ------► end
    2. cigarettes                   ------► filt
    3. cigarette-rolling tobacco    ------► end
    4. pipe tobacco                 ------► end
Type=tree range=[1 2] var=filt
    Did they have a filter or not?
    1. filter
    2. without filter
Type=tree range=[1 2] var=tar
    Was it a high-or low-tar cigarette?
    1. low
    2. high
Type=code var=brand
    What brand of cigarettes did you buy?
    Codes: 1. "pall mal" "pal mal" " pal mall" "pall mall"
           2. "marboro" "mar_" "marlboro"
           3. "lucky_" "_strike" "lucky strike"
           4. "camal" "cammel" "camell" "camel"
Type=price range=[0 2000] var=costs
    How much did you pay?
Type=price Help var=corr
Condition (costs>300 or costs<200)
Help screen
    Most packs of cigarettes cost between
    200 and 300 cents.
Question Screen
    The price you mentioned is very unlikely.
    For further information press F3.
    If you made a mistake press F1.
    If the answer was correct specify the reasons
    below. You can use the rest of this
    screen for your comments.
End
```

图 1.5 例 3

对应变量（var＝corr）。如果该问题的答案落在了预期区间之外，将会询问最后一个问题。在这个问题中，受访者可以通过按下“F3”键获取帮助。在这个例子中，这个问题包括两部分，第一部分是帮助屏显，第二部分是提问屏显。程序应当被设定为包含两个屏显，因此在说明命令里面包括了帮助部分。当然，在此过程中用到的编码语法是因程序而异的，但是在大多数高级的程序中有相似的编码方式。

这个问题表明最后的回答可能是错误的，更多的信息可以通过参阅帮助屏幕获得。通过按下“F1”键，可以回到之前的问题屏显，从而修改之前的回答。还有一种可能是，之前的回答是正确的，但是（比如）回答者购买了不止一包香烟。这一信息可以通过在随后的屏显的备注一栏实现。当然，为

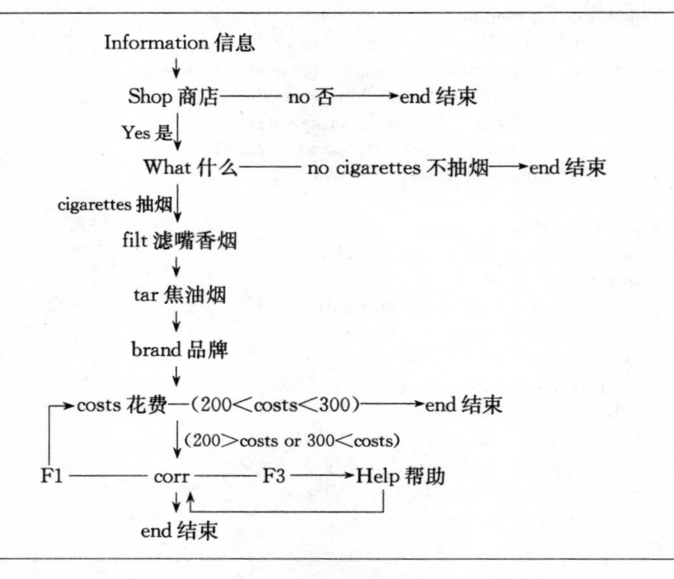

图 1.6　例 3 的流程图

了便于操作，编辑程序应当尽量简单，使得人们不需要帮助就能够操作。在INTERV程序中，编辑允许该行的末尾写入无回传(wrap)，人们可以通过退格键进行修改。除此之外，此程序并不提供其他编辑方式。

现在，我们已经在一个特定的例子中讨论了问卷的设定，下面我将说明按照上面设定出现的访问屏显的顺序(图1.6)。因为读者可能已经能够预期屏显是什么样子，我们在这里仅仅用流程图展示访问的结构，并且标注出相应的屏幕输出和变量名称。

这个例子展示了设计一个能够部分代替访问员的问卷并不困难。我们已经展示了自动跳转的过程、两种自动编码的流程、帮助选项、核查选项以及开放性问题的可能性。在下一部分，我们将说明在有些时候，电脑可以做得比访问员更出色。

第3节 | CADAC可以比访问员做得更出色

虽然我们并不能说CADAC在各方面都比访问员好，但是在某些情况下则确实如此。下面，让我们看一下CADAC的一些技能：

- 计算。
- 对前面回答的替换。
- 对问题与答案类别进行随机化。
- 对回答进行核查。
- 复杂跳转。
- 复杂编码。
- 对问题和信息的程式化。
- 提供类似的帮助。

对于最后两项技能，使用访问程序的优势是显而易见的。众所周知(Brenner, 1982; Dijkstra, 1983)，访问员的提问并不完全按照问题的指定形式进行。另外，访问中需要的帮助也并不总是按照一种方式出现。因此，我们并不能确定对同一问题的回应是否可比。在计算机辅助访问中，我们使用自我管理(self-administration)的方式,以上的问题就不会再出现:因为访员不再需要宣读问题,同时屏幕上出现的问题对于所有受访者而言是完全一样的。

因为之前已有相关介绍,我们在这里对于复杂编码和复杂跳转问题仅做简单的讨论。但是,有一点需要在这里说明,就是在访问员的工作已经足够困难的前提下,让他们承担编码和跳转的工作将是非常受限的。事实上,在编码和跳转上花费 30 秒以上是非常不现实的。对于复杂编码或跳转,则需要更多的时间,访问员会在此过程中遇到很多问题。对于计算机而言,这完全不是一个问题,因为它能够基于之前的回答在一秒钟之内轻松决定下一个问题是什么,同时也能够快速执行复杂编码。在程序 INTERV 中,对 256 个类别的串数组匹配仅在很短的时间内就可以完成。认识到了程序的优势之后,我们就更希望将访问工作交给电脑程序而非访问员。下面,我们再给出一个例子,以说明电脑程序在计算、替换和跳转方面的优越性。

显然,我们不能要求访问员在访问中进行计算。然而,有些时候,一些计算则可以帮助我们决定问题的跳转,或者可以在问卷中直接填入计算得到的结果。例 4(图 1.7)通过对电脑来说很简单,可是对访问员来说很复杂的问卷来说明这一点。

跟上个例子一样,这个例子仍然是关于香烟的,其中有两个问题与上个例子相同。这个例子中的新元素在于它包含了更复杂的情形。购买了一包以上香烟的可能性被考虑在内。我们预期一包香烟的价格是在 200 到 300 美分之间,因此价格的上限和下限分别是“number * 200”和“number *

300”,在这里,“number”是购买香烟的包数。计算机能够非常简单地计算这一花费,但如果让访问员在访问中进行计算则要求过高。假设总花费是正确的,计算机同样能够计算消费者最可能购买几包香烟。因此,估计的香烟包数是由总花费除以 250 得到的(“costs divided by 250”)。如果所有的数值都已经被计算出来,更多的细节会对受访者有所帮助。例 4(图 1.7)展示了在两个基本问题之后进行的计算(这些计算被包含在计算区“calculation block”之中)。对这些变量的计

```
# of Questions=2
Type=num range=[0 25] var=number
    How many packs of cigarettes did you buy yesterday?
type=price range=[100 1000] var=costs
    How much did you pay for the cigarettes?
Calculations
V2=number * 200
V3=number * 300
V4=costs/250
# of Questions=1
type=price Help var=corr
Condition ((costs>v2) Or (costs>v3))
Help Screen
    Most packs of cigarettes cost between 200 and 300 cents.
    Thus the costs for "number packs would be between "number * 200
    =" v2
    and "number * 300=" v3.
    The price you mentioned of "costs is very unlikely. It would mean
    that you have bought approximately "costs/250="V4 packs of ciga-
    rettes and not "V1 as you mentioned.
Question screen
    The price you mentioned is very unlikely.
    For further information press F3.
    If you answer was correct type 0.
    If you made a mistake specify the proper costs:
END
```

图 1.7 例 4

算对随后的问题跳转和帮助屏幕非常有用。这可以通过将这些数值在相应变量中替换而实现(在变量替换前使用的是引号)。显然,因为访问员们没有时间做这样的计算,这一信息并不能由访问员直接提供。而在计算机辅助访问中,这样的计算非常容易实现并且不会给访问带来任何耽搁。

这个例子显示了计算机辅助访问由于计算方面的优势能够提供的更多可能性。在问题跳转和替换中,计算能够起到非常重要的作用。而在纸笔访问的情况下,这些工作并不容易完成。

另外,例4(图1.7)展示了计算机辅助访问的另一个非常重要的特点,也即对答案的验证。一般而言,访问员并没有时间和技巧在访问过程中对答案进行验证。在计算机访问过程中,验证可立即进行。一旦答案给出,则可以根据其他信息进行验证。一旦答案被发现可能有误,程序将立即询问受访者是否更改或澄清答案(图1.7)。这是计算机访问的一个非常重要的优点:能够在受访者依然在场的条件下清理数据。一般而言,这些检验只能在访问后进行,并且如果一旦发现了问题,那么我们只能将不正确的答案设定为缺失值。在计算机辅助访问中,这些检验是在访问中进行的,并且如果问卷设置仔细的话,最佳研究数据在访问之后就能够被确定下来,而后续的检验则不再是必须的。在本书中,我们会继续对这一点进行阐释,因为这是计算机访问最重要的特点之一。

在这一部分中,我们需要做的最后两点说明是针对问题和答案类别的随机化。在访问中有一种“次序效应”(order effect)(Billiet, Loosveldt, and Waterplas, 1984; Schuman and Presser, 1981),考虑到这一点,需要将提问的次序和答案类别的出现次序随机化。在传统的纸笔访问中,这并不容易实现,因为这要求很多不同版本的问卷。然而这将大大提高成本,只能允许很有限的变化。

在CADAC中,随机化能够通过一个简单的方式来实现,因为我们可以通过设定一个随机数生发器(generator)并在访问过程中用它来决定问题的次序。研究者只需要根据随机化方式来设定程序里的某些问题即可。这要求一些语句(statement)来设定需要随机化的问题。如果有些问题已经被放置到一个区域(block,比如在"stimulus block",参见Pijper and Saris, 1986b),那么这些问题的随机化可以按照默认方式进行,或者仅仅做一个指示(sign)即可。对于答案类别的随机化而言,以上方法仍然成立。但是区别在于,答案类别的随机化已经被放到一起,因此只需要在程序中做指示即可。

第 4 节 | CADAC 的缺点

CADAC 也有一些缺点。格罗夫斯和尼科尔斯(Groves and Nicholls, 1986)指出了以下几点：

- 屏幕尺寸比问卷尺寸小,这导致使用 CADAC 时不能对问卷进行概览。
- 在表格中修改更加容易。
- 失去了手和眼的协调。

因为电脑屏幕比问卷尺寸小,屏幕并不能包含所有的信息。在早期的 CADAC 程序中,为了给每个问题留足空间,每个问题都是单独在屏幕上出现的。这样做的缺点在于,人们可能会对问题的目的感到迷惑,特别是在大幅使用自动跳转的时候。在最近的文献中,这一问题已经被研究者意识到,并将其命名为“隔绝问题”(segmentation problem)(House and Nicholls, 1988)。一个解决方法是在一个屏幕上显示多个问题(Nicholls,1988),另一个解决方法是在屏幕上提供信息的概要。我们将在之后回到这一点。

第二个问题是纸质问卷能够提供对问题和回答的一个连续的概览,因此我们可以清楚地看到错误出现在哪里并且改正它们。然而在 CADAC 中,如果使用了基于项目的(item-based)程序,这些改正就并不容易。CADAC 的使用者必须通过后退才能回到前面的错误,或者研究者必须在任何问题可能出现的地方提供勘误。如果程序和问卷并没有考虑到某些可能的错误,那么第一个途径可能导致错误(Nicholls and House, 1987)。第二个途径则要求研究者做更多的前期工作。

最后一个问题——CADAC 中手和眼协调的缺失的问题——非常有意思。在纸质问卷中,人们可以在他们看到的地方做记录。然而在 CADAC 中,人们使用键盘录入但他们眼睛看着屏幕。如果他们看着手指而不看屏幕,那么可能出现录入错误。在纸质问卷中,这样的错误比较不易出现。尽管这个问题尚未得到仔细的研究,但很多 CADAC 使用者的经验表明,在系统中的输入错误确实存在,这些可能对数据质量有一定的负面影响。这一问题的解决方案是使用概要屏显,我们会在随后进行讨论。

所有以上三个问题说明,CADAC 的步骤与纸笔访问并不相同。简单将纸笔访问转化为电脑程序并不一定能够带来更高质量的数据。在设计过程中,需要人们付出更多的努力使得电脑问卷比纸笔问卷更好。在第 2 章中,我们会讨论达到这一目标的一些途径。但首先,我们先对上面的讨论进行总结。

第 5 节 | 总结

在这 1 章里，我们已经说明优秀的问卷和访问程序的集合不仅能够替代传统的纸质问卷，而且还能够替代（至少部分替代）访问者。我们还说明了电脑辅助访问甚至能比个人访问员做得更好，因为它们能够进行计算、复杂输入（complex fill）、复杂跳转、复杂编码、问题和答案类别的随机化，以及最重要的，在访问过程中对受访者提供的信息进行核查。在访问过程中，核查就可以进行，受访者能够对其答案进行修正或说明。这在传统的纸笔访问中是很难做到的。

另一方面，我们也指出了 CADAC 程序可能出现的问题。因此，我们要知道，在使用 CADAC 改进数据质量的同时，我们也需要付出一定的代价。由于使用步骤上的高效，这个代价并不是使用电脑带来的。最高的代价就是花费在完善一个能够完全利用 CADAC 优越性的问卷上的时间。对于经常使用的问卷类型，这种时间上的投资是非常值得的。

因为提高数据质量的过程可能根据数据采集技术而不同，所以我们必须对不同数据采集的技术进行讨论。这部分内容见第 2 章。

第2章

计算机辅助访问的应用

在第1章中,我们已经处理了计算机辅助访问的一般性问题。在这一章里面,我们将讨论不同计算机辅助访问的应用以及它们的潜力。

最古老的CADAC应用是计算机辅助的电话采访(CATI)。商用CATI开始于20世纪70年代(Fink, 1983),它现在在商业研究、大学以及政府部门中被广为应用(Nicholls and Groves, 1986)。根据斯佩思(Spaeth, 1990)对大学的最新研究,美国69%的大学研究机构使用过CATI系统,超过22%的大学正在计划开始在不久的将来使用CATI。

第一个被用做硬件的系统是带有终端的主机或微机。至今仍然存在的类似系统包括:美国的案例系统(the Cases system,参见附录)和欧洲的研究机器系统(the Research Machine)(Pulse Train Technology, 1984)。近年来,有越来越多的基于个人电脑的系统、独立设备以及网络系统可供选用(Carpenter, 1988)。

所有CATI系统的特点是访问员坐在终端或个人电脑前面致电受访者。一旦连线成功,所有需要的信息和问题将会出现在屏幕上,访问员会立刻将回答通过键盘录入电脑或终端。以上的描述表明,对于受访者而言,CATI访问和纸笔的电话访问是没有区别的。对于访问员而言，区别在于访问中的一部分工作是被电脑完成的（跳转、填充、一致性检查等）。这从一定意义上讲是一个优势，但是如果问卷没有经过精心设计，也可能带来一定问题。CATI 系统提供的其他便利在于，CATI 系统能够实现样本管理（sample management）、访问管理（call management），以及在线实时监督访问员等工作。

前两项便利我们在这里并不进行深入讨论，因为它们影响抽样的质量而不是应答的质量。对于这一问题的进一步了解，请参考尼科尔斯和格罗夫斯的研究（Nicholls and Groves, 1986）以及威克斯的研究（Weeks, 1988），或者他们引用的其他文章。接下来，我们对第三项便利进行一定的讨论。

目前，正在开发和测试阶段的第二个 CADAC 的系统是计算机辅助面访（CAPI）。根据我们的了解，它的第一次测试是在 1980 年进行的。虽然对当时的计算机而言，实现这个目标并不太现实，但一个荷兰的研究者小组使用苹果 IIc 的电脑，后来使用了便携 Kaypro 电脑，目的是检验能够有效地测量态度、评估和偏好的可能性（Saris, de Pijper, and Neijens,1982）。第一个使用便携式电脑的实验是由瑞典人口普查局给出的（Danielsoson and Maarstad, 1982）。最近，荷兰统计局做了一系列实验（Bemelmans-Spork and Sikkel, 1985, 1986）。美国目前也有了类似的报告（例如，Couper and Groves, 1989; Couper, Groves, and Jacobs, 1989; Thornberry et al., 1990）。

从 1980 年起，便携式电脑或手提电脑已经越来越便宜、轻便,质量也更好。因此,现在的统计软件能够在 CAPI 系统中实现诸多面对面的访问工作并不奇怪。就我们知道的而言,这一方式已经被荷兰、瑞典、英国以及美国采用。商业公司也已经开始使用 CAPI 系统(Boerema, Baden, and Bon, 1987)。

在 CAPI 中,访问者将电脑拿到受访者的住所。一般而言,这一电脑的使用方式与 CATI 的一般应用相同:问题会出现在屏幕上,访问员对受访者读出问题并且将后者的回答记录到电脑中。然而,从开始起就存在另一种工作方式,那就是访问员并不阅读问题,受访者直接阅读问题并将答案输入到电脑中。这一方式有时被称做"计算机化的自我管理问卷"(CSAQ)。

从受访者的角度来看,访问者管理的 CAPI 访问与传统的纸笔访问区别并不大,尽管有人认为仅仅使用计算机访问将改变某些情况(Couper and Groves, 1989),但根据荷兰统计局的研究(Bemelmans-Spork and Sikkel, 1985),就拒访或部分无回应而言(甚至对敏感性问题,如收入),这两者的差异并不大。然而,差异确实存在:CAPI 的访问时间比纸笔访问的长,访问者在电脑上的标注更短(Couper and Groves, 1989)。

对上面的问题,不管以后人们能否达成共识,有一点是可以确定的,就是自我管理的访问方式与传统访问有很大的差别。相对于访问员管理的调查而言,自我管理访问需要访问者的参与更加积极,同时对他们的技能有比较高的要求(当程序设计得非常好用时,后面的一点则另当别论)。萨里斯等人(Saris et al., 1982)在荷兰使用这种方式访问,并没有发现任何问题。类似地，加夫里洛夫(Gavrilov, 1988)也没有发现问题，虽然他研究的对象是受教育很有限的苏联农民。

CAPI的两个系统的另一个重要区别在于，在自我管理的程序中，访问员并不需要做很多事情。正由于此，人们考虑其他的访问形式。可能性之一是，一个研究者同时帮助许多受访者回答问卷。比如，在公交车上放置多台电脑，然后这辆车被开到另一个地方，在那里受访者需要回答问题。在公交车上，很多访问可以在一个研究者的监控下同时进行。这一系统被加夫里洛夫在苏联的农场中使用过。另一个可能性我们将会在下面讨论，就是组织完全自动化的访问程序。

为了使CAPI程序真正有效率，人们必须给访问者提供一个调制解调器，通过它访问可以从中央计算机传递到访问者手头的电脑，而访问得到的信息也能够通过它传送回中央计算机。这项工作可以在没有其他任务的时候进行，比如早上和晚上。因此，信息传递的成本可以被大幅度降低，同时研究的速度可以被提高，人们也能够对样本有更多的控制。

在CADAC领域的最近发展是在面板调查研究(对同一样本的重复观测)方面。面板调查研究一般是通过面对面访问、电话访问以及纸面记录(如日记)的混合方式实现的。计算机辅助访问的发展给面板调查研究提供了新的可能性。一个可能性在于，人们可以通过CATI或者CAPI来搜集数据，或者使用两者的混合体。在这些程序中，访问员有重要的角色。但在自我管理的访问情形下，访问员的工作量则有相当大的减少。

在完全自动化的面板调查研究方面也出现了较大的进

展,这体现在众多方面。克莱门斯(Clemens, 1984)呈现了在英国使用Prestel可视图文系统的实验。在这个试验中,受访者在线回答问题,使用自我管理模式,这些问题出现在受访者家中的终端屏幕上。基斯勒和斯普劳尔(Kiesler and Sproull, 1986)也报告了一个实验项目,其中一个特设样本的电脑使用者与电脑网络连接起来,回答电脑上出现的问题。德皮佩尔和萨里斯(de Pijper and Saris, 1986a)在课堂上发展出了更加成功的系统:电话访问(tele-interviewing)。在这个系统中,对总体的一个随机样本提供家用电脑以及调制解调器。有了这些硬件以及一部电话,我们就可以将访问从中央计算机发送到家用电脑或个人电脑端上。受访者回答电脑上出现的问题,然后这些问题的答案会自动被送回到中央计算机。这一程序的优势在于,访问者仅仅需要询问受访者的合作意愿并对他们解释如何使用程序即可。一般而言,回答完第一个问题之后,受访者就可以自己回答剩余问题而不再需要访问员的协助。这一系统已经在社会计量研究中心(Sociometric Research Foundation)(de Pijper and Saris, 1986b)被测试成功,并且已经被荷兰盖洛普组织(Dutch Gallup Organization)自1986年之后对一个包含1 000个家庭的样本所使用(van Doorn, 1987—1988)。现在,阿姆斯特丹大学已经建立了一个类似的面板调查,其样本包含2 400个家庭。

电话访问的另一种程序是美国开发的,叫做“已备数据录入”(Prepared Data Entry, PDE)。从1988年起,美国能源信息署(Energy Information Administration)就开始要求公司通过个人电脑访问提供信息。在某些情况下,这些信息是通过邮件送回中央计算机的。在其他情况下，数据的传送是完全电子化的。

在商业研究领域中，有两种比较成熟的完全自动化的程序，分别是按键式数据输入(Touchtone Data Entry，TDE)和语音识别输入(Voice Recognition Entry，VRE)。在两个系统中，电脑从记录中读取问题，受访者需要通过电话回答问题。第一个系统需要有按键的电话，从而人们可以输入数字。第二个系统允许受访者直接对电话回答问题，而另一方的电脑则试图识别其中的数字答案(Clayton and Harrel，1989；Winter and Clayton，1990)。虽然两个系统仍在运行中，但它们有很大的潜力；尤其对VRE而言，其前途还很难预测。目前而言，它们仅仅适用于非常短小的访问，并且要求受访者对这一系统比较熟悉。

在表2.1中，我们总结了一些最重要系统的关键信息。这一表格也能说明一些问题，包括数据采集是否需要访问员，系统能够被用作特设的研究还是仅能够进行面板调查。在这里，我们强调系统的这两项特征是因为它们在描述不同CADAC系统的时候非常重要，而与此相比，不同系统使用的技术差异则属其次。

表2.1　CADAC步骤的分类

名称	描　述	访问员角色	观　测
CATI	计算机辅助电话访问	访问员管理	特设以及重复采集
CAPI	计算机辅助个人访问	访问员管理或自我管理	特设以及重复采集
TI	使用个人电脑和调制解调器的电话访问	自我管理	重复采集
PDE	已备数据录入	自我管理	重复采集
TDE	按键式数据输入	自我管理	重复采集
VRE	语音识别输入	自我管理	重复采集

从上面的概览来看，计算机辅助的面板研究（CAPAR）能够在 CATI 或 CAPI 的系统下实现访问员管理的形式，在 CAPI、电话访问（TI）、PDE、TDE、VRE 的系统下可以实现受访者自我管理的形式。截面调查可以通过 CATI 或者 CAPI 实现，但是能够从一个固定的面板中重复采集数据的系统也能够被用作在一个特定时点描述情形的工具。因此，不同系统间的技术差别并不大。

但从另一个方面，我们需要认识到为了实现高质量的调查，访问员管理与自我管理的调查的设计是非常不同的。我们也会说明重复访问会提供更多质量控制的机会，当然也需要更多的工夫来实现。如果我们只是想提高数据采集质量的话，就需要对截面访问和面板访问的程序、访问员管理和受访者自我管理 CADAC 程序进行区别。因此，我们不会集中于不同的技术细节（最后一章对这方面有一些介绍）。

第1节 | 访问员管理的调查研究

正如我们上面已经提到的，我们将讨论两种不同的程序：CATI，它需要在访问员管理的程序中实现；CAPI，它需要访问员在访问中积极参与。因为两个都是CADAC的程序，所以它们具有我们前面提到的CADAC的优点和缺点。然而，由于这两个程序都是使用访问员管理的问卷，因此它们具有一些共同点。我们将在下一节中关注这些特点。

复杂问题与答案类别

这些特征中的一个，也是一个非常常见但并不一定与电脑程序联系到一起的是，受访者很难一次性记住冗长的备选答案或者冗长的回答指示。之所以在这里提到这个问题，是因为这是这一程序和其他程序之间的差别之一。

这里有两个相关的例子。第一个例子是关于政治议程的一般性问题：

对你而言，目前最重要的政治问题是什么？

1. 失业

2. 污染

3. 核战争危机
4. 第三世界的贫穷
5. 艾滋病
6. 城市犯罪
7. 无家可归者
8. 毒品
9. 自然灾害
10. 恐怖主义

如果我们尝试在访问者管理的问卷设定下提这一问题，一般会有两种常见的反应：第一种是许多受访者会要求访问员重复问题，第二种是受访者经常回答"第一个"或者"最后一个"问题。第一种反应表明，受访者并不能记下他们听到的所有选项。第二种反应则难以评价。受访者的回答可能是严肃的，但更有可能的是他们这么做只是为了不再重复听取问题，以免在此花费更多的时间，或者给人留下记不住问题选项的印象。

在这种情况下，我们可能觉得访问员最好不要给受访者读出问题，而是将问题设计为开放的回答。然而，根据舒曼和普雷瑟（Schuman and Presser，1981）以及比利特等人（Billiet et al.，1984）的研究，对这个开放性问题的回答就会相差很远。一个更合适的做法是，如果研究者关注不同政治议题重要性的相对差别而非个人回应的差别，我们就可以将选项的顺序随机分配而念给受访者听。这一选择在CADAC程序中是存在的，不存在于普通的访问中。这种方法至少在加总水平上能够使研究者得到可信的结果。

类似问题也存在于如果问题的指示特别长的情况。下一个例子就能够说明这一问题：

> 不同政党在政治立场上有一定差别。一些偏右翼，一些偏左翼。我们希望您评价不同政党的政治立场。极端左翼用0表示，极端右翼用100表示。我们希望您使用数字来评价政党的政治立场。所以，您会如何评价……政党的立场？

再次，一个经常出现的情况是受访者会问："你能再说一遍吗？"或者："你说什么？右翼是0，左翼是100？"或者他们会使用相反的度量回答问题。在这种情况下，除了再读一遍问题，访问员没有什么能做的了。

这些问题在需要访问员对受访者读出问题的情况下是很普遍的。这些问题不能很长或者很复杂；否则受访者会难以记住关键信息。在自我管理的问卷中，这个问题相对不是那么严重，因为受访者能够直接回看问题。另一个办法是，在访问中出示卡片，但是这仅仅在CAPI的应用下才可能；同时，在这种情况下，访问员需要同时携带电脑和一包卡片，这将增加访问员背负物品的重量。索恩伯里等人(Thornberry et al., 1990)发现这仍然是一个问题。在未来，笔记本电脑的引入将显著缓解这一问题。长远来看，如果能够引入一个非常高端的使得图像能够以每秒64千字节的速度从访问员传送到受访者的电话网络，那么在CATI系统下改善这个问题也不是没有可能。还有一种进步来自一个比前者快10 000倍的系统(宽带)(Gonzalez, 1990)。这些发展说明，在未来，在 CAPI 以及 CATI 中需要视觉协助的问题将得到解决；然而，现在人们需要意识到在访问员管理的访问中的复杂问题和复杂指示问题。

访问员的帮助

对于需要访问员起重要作用的程序来说，它的一个优点是访问员能够帮助受访者正确理解问题，从而让他们给出合适的答案。在 CADAC 程序中，这些可能性仍然存在，但是要求访员给予很大帮助就不太可能了：问卷可能被设计成为跳转结构以至于每一个访问对访问员来说都非常不同。在这种情况下，访问员很难比受访者更有能力理解这些问题，除非之前他们接受过系统的训练。

然而，不管访问员接受了多少训练，有一种做法总是非常明智的，就是在设计 CADAC 访问员管理的问卷时，给访问员提供尽可能多的信息从而使他们能够对问题有更好的理解。这些额外的信息可以在问题出现在屏幕上的时候，或者必要的话，访问员可以在一个独立的帮助界面中出现。我们将在下面的例子中说明这一点。

在某种情形下，在屏幕上对所有访问员提供信息是有意义的，比如，只有很少人能够有些信息知道。一个例子是在军事中使用“初次打击”(first-strike)的概念。如果有一个对北约(NATO)初次打击能力的问题，那么对所有的访问员和受访者解释这一概念就显得非常必要。

也有一些情况是，访问员和受访者往往知道问题的含义，但是有时需要一些引导。比如，如果问卷提问人们对北约的看法，很多人知道这是什么组织，但是另一些人则需要帮助。在这种情形下，在单独的帮助界面中给予解释和提示则很必要（单独的界面是为了防止屏幕过于拥挤）。例5（图2.1）会说明这一点。

Due to the recent changes in Eastern Europe, a suggestion has been made that the NATO and Warsaw Pact countries should draw up new treaties governing the first use of nuclear weapons.
基于东欧近期的变化，北大西洋公约组织和华沙公约组织国家需要就率先使用核武器制定新的条例。

What do you think of a proposal whereby both parties would agree never to use nuclear weapons as a first strike weapon?
你对双方同意绝不用核武器作为初次打击武器的草案持什么观点？

(A first strike is intended to destroy the other country, so that it cannot attack so easily any more. For an explanation of NATO and WARSAW PACT press F3.)
（初次打击是为了破坏另外一个国家，使其无法再进行有效攻击。如要参考北大西洋公约组织和华沙公约组织的解释，请按"F3"键）

1. agree 同意
2. disagree 不同意
9. don't know 不知道

图 2.1 例 5

这个例子说明了 CADAC 程序是如何将补充信息提供给访问员以帮助受访者的。这个信息能够在屏幕上直接显示给所有的访问员，或者可以只向那些需要帮助的人显示。在第二种情形下，帮助界面仅仅是在要求的时候才会呈现。为了获取这些额外的信息，访问员需要按一些键（比如功能键"F3"）。

然而，例5（图2.1）也说明了帮助可以直接提供给受访者，而不需展现给访问员。只有在某些时候，访问员会扮演重要角色，也即问卷对受访者不适合以及出现众多问题的时候。然而，即使在这些情况下，访问员也不能有很大作为，因为 CADAC 程序是相对僵化和固定的。我们在后面将会再讨论这个问题。

保持访问的节奏

访问的一个要点是，问题之间的间隔时间必须非常短，这对于电话访问尤甚。如果间隔过长导致延误了几秒钟，受访者可能会很恼火从而不配合调查，或者只提供最低程度的配合（House，1985）。这能对数据的质量带来严重的负面影响。访问员从一个问题到另一个问题的速度取决于：（1）硬件和软件的质量；（2）问题与问题之间的组织活动；（3）屏显布局；（4）访问员修正错误的难易程度；（5）当出现问题时问卷或程序的弹性。一些类似的观点在豪斯（House，1985）对 CATI 访问的研究中被提出，但是很多 CATI 可能有的问题也可能存在于其他访问程序里。接下来，我们逐一分析这些难点。

首先，屏幕输出的更替取决于硬件和软件的质量。如果访问员使用一台连接到中心计算机的终端，回应可能非常慢，因为其他用户同时在使用同一台中心计算机。但是，即使人们使用个人电脑，回应时间也可能由于软件的运行变得很长。大部分延迟是因为软盘上的读写、一些复杂的编码和运算。如果一个程序总是在读写，访问过程可能很漫长。但使用随机存取记忆体盘（random-access memory，RAM）而非软盘或硬盘进行读写，能够显著缩短这样的拖延。另一方面，只有一些非常复杂的任务才会由于编码和计算降低电脑的处理速度。

另外,问卷的设计也能影响程序的速度。问卷的设计者能够通过避免电脑在两个问题之间同时处理复杂任务的情况(比如,对复杂回答的编码、将回答写入盘中、读取其他访问、计算、评估复杂跳转方向),从而提高访问的节奏。所有这些任务是可以编入到两个问题之间的,但是稍花工夫,人们就能够将这样的任务分散到几个问题之间,从而虽然某些步骤需要多花一些心思,但冗长的延迟可以被避免。

问卷设计者能够影响访问节奏的第二个途径是通过设计屏显布局使其能够让访问员一目了然。如果布局并不是直观清晰的,访问员可能在提问前需要更多的时间来理解。豪斯(House, 1985)提供了一些重要的原则:

1. 在提示问题和提供指示时应当使用标准的程序。比如,问题可以用普通字体,提示可以用斜体;需要强调的文字应当有下划线或者加粗;其他信息可以以不同颜色标出。当然,这些建议仅供参考;重要的是访问应当对所有的访问员一致,从而使得引导访问更容易进行。
2. 屏幕的不同部分应当总是以相同的方式使用(比如,在一开始,提供一些对访问员的简短介绍;然后,提供问题和答案的类别;在答案类别的旁边,提供额外的信息)。
3. 最好不要在屏显上堆满文字。根据我的经验来看,一些包含重要信息的语句应当被单独放置一行,前后空行,从而让访问员一目了然。如果问题的答案有很多类别,而又不需要访问员读出来,文字可以紧凑一些。

如果受访者提供的答案不符合任何一个可选的答案类别，同时访问员又没有条件解决这一问题，这时提问的间隔可能变得非常长。所以，几乎无可争议的一件事实，CADAC的问卷应当被从头到尾测试一遍。但是即使完成了这样的测试，受访者提供一个不符合问卷系统的答案也是难以避免的。这是CADAC程序的一个主要问题。对此，我们能做的就是人们应当做一些测试（我们之后会再回到这一点），同时人们需要在程序中允许"不可能"事件的存在。一个解决方案是，总是提供一个"其他"类别，并提供一些可能的例子。如果这一选项涉及了分支以及跳转，情况可能更加复杂。另一种可能性是，允许访问员在任何时候对受访者的回答和可能的错误进行评论（或者在比较频繁出现的时间段内）。这个做法的缺点是，人们在完成数据搜集之后仍然需要编辑数据。

另一个能够提高访问速度的程序则考虑到了对不一致性的修正。如果这些程序过于复杂，问题之间的时间则可能被拉得很长。这一做法考虑到了一个访问中更普遍的问题，也即访问员如何解决不一致性问题，我们将在后面一节中对此进行讨论。

清除不一致性

在这一节的最后，我们将讨论清除不一致性这一普遍问题。在第1章中，我们提到了CADAC程序的一个重要优势即在于此。然而，这些程序并不是没有风险的。其中的一项我们在前面已经提到：如果清除不一致性的程序对于访问员并不一目了然，提下一个问题前的间隔时间可能会被拉得很长。

清除不一致性的程序有很多种。开始的时候，这些程序比较接近：它会比较不同问题的答案并且探测其中不能被容忍的不一致性或者同时出现几种情况的极少数情形。但是程序不能告诉我们究竟哪个答案是正确的。

在这种情况下继续运行的一种方法是给访问员提供所有可能的信息，指出不一致性，同时询问访问员是否删除错误答案。如果只涉及两个问题，这并不困难，比如，程序可能提示如下：

问题	回答
父亲年龄	35
儿子年龄(约翰)	36
不可能!	

在这种情形下，如果访问员知道问题的名称的话，就应该很清楚如何解决。

1. 指出问题所在。
2. 要求修正。
3. 回到回答错误的问题同时修正答案。
4. 如果其他问题依赖于这一问题的回答，这些问题也应当被重新提问，从而数据整体是无误的。
5. 最后，程序应当回到之前发现不一致性的地方。

在程序中没有被设定的是访问员应当如何解决这个问题。他们应当说：

> “您可能犯了一个错误因为……”
> “不好意思，但是这里有一个困难……”
> “不好意思，但是电脑发现……”或者
> “我这里记录了一些不正确的内容……”

尽管第一种设定是正确的，但访问员不能过于频繁地使用，否则会打击受访者的回答热情。

一个更加复杂的情况是，不仅年龄信息有错误，而且家庭关系也存在问题。这个问题的名字不会出现在屏幕上，访问员需要先找到它然后才能进行必要的更正。特别是当这个问题在问卷中早就过去很久了而且问题的名字还很难找到的时候，这个过程尤其复杂。在这种情况下，像我们之前提到的，问题之间的间隔时间就会被拉得很长。

当然，如果问卷的设计者已经预见到了这一可能性，将问题的名字在屏幕上给出来就会好很多。在这种情况下，访问员必须进行所有的修正。如果使用这一步骤，研究者就无法控制问题的次序和规划，而完全取决于访问员自己。之前的研究表明，访问员未必能够正确地修改问题和答案。一些访问员选择修正容易被修正的问题，而这一般都是最后一个问题。然而，最后一个问题未必是需要被修正的最合适的问题(van Bastelaer, Kersssemakers, and Sikkel, 1988)。

一个可以使研究者完全控制问卷的替代方式是设定额外的问题来解决有可能存在的不一致性。在这种情况下，访问员不需要决定如何修正问题。访问无法后退，只能前进。当然，设定这一额外问题并不容易，但是如果人们能够设定对一致性的检查，人们也就可以设定额外的问题。对于上面提到的问题，设计者能够在给定信息之后提出一个问题：

> 非常抱歉，我们的电脑检测到了您在前面一个问题中回答您的年龄为35岁，但在另一个问题中回答您的儿子约翰的年龄为36岁。
>
> 当然，这是不可能的。
>
> 是否您的年龄回答有误？还是您的儿子年龄有误，还是两者皆有误？是否还有其他的错误(不止一种可能性)？
>
> 1. 我的年龄。
> 2. 我儿子约翰的年龄。
> 3. 约翰不是我儿子。
> 4. 其他问题。

如果上面的年龄是错误的，接下来会出现额外的问题，之后会继续一般性的提问。如果约翰不是他的儿子，会有问题问到他们的关系。

很明显，两种程序各有利弊。第一种程序可修改的空间比较大，但是因为访问员可能提问了错误的问题或者仅仅因为简单而进行了错误的修正。还有一种可能性是，由于需要修正的问题名缺失，访问无法进行下去。这样处理的风险会很大。

第二个程序更易掌控，但同时也更死板。设计者必须事先对问题作出深入的分析。另外,如果设计者做不到这一点,第一个程序可能会碰到问题,因为回答错误的问题之后的跳转可能缺失。

管理访问员行为

在访问员进行访问的过程中,他们可能会做一些研究者不希望他们做的事情。最糟糕的情况是,他们对错误的人进行访问,或者伪造部分或全部的访问。而这种情形出现的频率,我们不得而知(Groves and Nicholls, 1986),但是所有研究机构都时不时会碰到这种现象。

不那么极端但仍然令人不悦的一种情况是,访问员总有一种改换提问措辞的倾向,部分是由于希望受访者回答某个答案(Brenner, 1982; Dijkstra, 1983)。在 CAPI 程序中,能阻止这种行为的方式并不多,因为通过给受访者打电话核实信息来控制访问员并不容易。然而,尽管这样能够让研究者检查访问是不是完全错误的,但它并不能改变访问进行的方式。在下一节中,我们会讨论 CAPI 程序中几种大胆的解决方案。在 CATI 中,检查访问员的成果是可能的。从技术上讲,在电话上监控访问员的行为以及复制访问的屏幕都是可行的。在这种方式下,研究管理者就会有完全的音频、视频监控。虽然只能监控包括全部监控过程的样本,但是如果访问员能够意识到他们的行为是能够被监控的,他们会更加细心并且不会做破坏访问的事情,甚至会更少改换问题的措辞。无疑,这些监控设备对于 CATI 具有很高的价值,即使监控可能给访问员带来一些压力。

在这一节中，我们的讨论能够明确的一点是，在访问员管理的CADAC程序里，CATI和CAPI有很大的潜力，但是为了达到好的结果也付出了一些成本。人们必须在设计优秀的问卷上投入可观的时间。这对于一致性检查和在线编辑尤为重要。如果人们希望使用这些设备，他们就需要投入大量的努力和时间。但对于一个特设的调查而言，这样做是否值得还需要考虑。

第2节 | 自我管理调查研究

自我管理的程序和访问员管理的程序的一个最重要差别是访问员的角色。在自我管理的调查中,没有访问员会读出问题或者输入答案。在自我管理程序中,访问员通常会提供一些大体的说明。

这一方法最明显的一个优势在于,访问员是不可能改变问题的。因此,所有受访者面对的都是同样的问题以及同样的备选项。这并不意味着所有受访者都会认真阅读问题,但是(至少从研究者的角度看)这一方式是最佳的,因为人们可以决定什么信息、什么问题、什么指导或什么备选项适用于受访者。

虽然这是一个非常有吸引力的方式,但是问卷设计者需要花费大量的力气,因为访问员不再能帮助他们理解问卷的内容。整个过程需要提前进行大量的测试。另外,由于一些人只有有限的阅读和写作能力以及更加有限的计算机操作能力,访问步骤必须非常简单,使任何人都能明白。我们也会讨论其他自我管理问卷在协助访问方面的特点。为了部分弥补访问员角色的缺失,人们可以使用如下一些工具来使得访问更加有效:视觉协助、日历、总结和修正界面、更复杂的类别规模、心理量表,以及复杂指导等。

用户友好

与访问员管理程序相比,自我管理的问卷对软件的用户友好性要求非常高。尽管访问员能够完成受访者完成的程序,但相反的情形不一定能实现。提示说明和一致性检查在自我管理问卷与在访问员管理问卷中是非常不同的。

我们首先讨论提示说明。很明显的是,如果我们想提问一个"无协助回忆"的问题,我们就不能给出"不要阅读答案类别"的提示。在程序中,这需要被设置为开放性问题。但是如果某个问题是开放性的,给它设置固定套路则不太可能。因此,答案必须被立即编码,其中编码字典由研究者设定。在给答案分类编码之后,进一步的跳转才可能进行。

一个典型的例子是要求受访者举出一些香烟的品牌名称,然后分析哪个牌子的香烟是知名度最高的。接下来,人们就会被问到他们是否知道那些他们没有提到的品牌。这一问题的展示详见例6(图2.2)。

这个例子使用略复杂的INTERV程序的语言编制。因为INTERV中并没有针对此问题的标准程序,因此我们的例子显得有些复杂。但是结果与其他程序中自动执行的结果是一样的。

在屏幕上出现的第一个问题如例6的屏显1所展示的(图2.3)。在第一个问题之后,第二个问题最多被重复五次。第二个问题是提问其他香烟品牌名称的。这也是一个没有辅助的回忆问题,因为品牌的名称并没有在屏幕上出现,而仅仅在编码字典中。如果受访者对第二个问题回答"否",那

```
# of questions=1
Type=codeVar=V1
      Please give the name of the first
      brand of cigarettes that comes
      to your mind?
      Codes: 1. "pall mal" "pal mal" " pal mall" "pall mall"
             2. "marboro" "mar_" "marlboro"
             3. "luck_" "_strike" "lucky strike"
             4. "camal" "cammel" "camell" "camel"
Calculation
V20=1
Repeat 5
Calculation
V20=V20+1
# of questions 1
  Type=codevar=V[V20]
      If you know more names
      type another name below.
      Otherwise type: NO
      Codes: 1. "pall mal" "pal mal" "pal mall" "pall mall"
             2. "marboro" "mar_" "marlboro"
             3. "lucky_" "_strike" "lucky strike"
             4. "camal" "cammel" "camell" "camel"
             5. "NO"
Until(V[V20]=5)
Calculation
V11=0    V12=0    V13=0    V14=0
[v1=1 or v2=1 or v3=1 or v4=1 or v5=1] V11=1
[v1=2 or v2=2 or v3=2 or v4=2 or v5=2] V12=1
[v1=3 or v2=3 or v3=3 or v4=3 or v5=3] V13=1
[v1=4 or v2=4 or v3=4 or v4=4 or v5=4] V14=1
# of questions=1
Type=multi range=[1 4] var=aided
      Which of the following brands have you also heard of?
Condition V11=0
      {1. Pal Mall}
Condition V12=0
      {2. Marlboro}
Condition V13=0
      {3. Lucky Strike}
Condition V14=0
      {4. Camel}
      You can mention more than one brand.
      Type a number after each number
      and press F5 at the end.
END
```

图 2.2 例 6

么这一“重复直至”的程序不会重复五轮，意味着受访者不知道其他名称。

现在设想受访者提到了长红以及好彩香烟。下一步就是在计算模块中让变量 V11 和 V13 取值为 1，让变量 V12 和 V14 取值为 0。

Please give the name of the first Brand of cigarettes that comes To your mind?
请说出提到“香烟”，你第一个想到的品牌。

图 2.3　例 6 的屏显 1

在计算之后，最后一个问题会出现在屏幕上。此时，屏幕上仅有受访者之前没有提到的香烟牌子，见例 6 的屏显 2（图 2.4）。最后一个问题是一个多项选择的问题，其中受访者可以指出哪个或哪些牌子是他们本来知道但之前没提到的。

Which of the following brands have you also heard of ?
下面的品牌你听说过哪个？
2. Marlboro 万宝路
4. Camel 骆驼

图 2.4　例 6 的屏显 2

这个例子很典型地说明了提示语和程序是如何弥补访问员角色的。一方面，这一程序对于研究者来讲更难编码，但另外一方面，这一程序对于受访者来说更加简单。

例 6（图 2.2）也说明了一点，就是这一程序可以在自我管理或者访问员管理的访问中用到，但是访问员管理的版本中对访问员的提示说明不适用于自我管理的程序。

在一致性检查方面，这一复杂性也会出现。之前的部分展示了两个解决不一致性的程序。一个是以访问员为基础的，其中访问员会收到不一致性的提示以及相关的问题。此时，问题的解决就取决于访问员了。这一程序不适用于自我管理的访问。

第二个程序则考虑到了所有可能的错误，同时提出几个问题来解决不一致性。这一程序可用于自我管理的访问。但自我管理访问中的处理程序更加精密，可用于访问员管理的程序，但相反则并不一定能实现。

视觉协助的使用

经常使用的一种提高数据质量的方式是视觉协助。正如上面提到的，在 CATI 中使用这些工具是不可能的，在访问员管理的 CAPI 中也比较困难，但可以在自我管理程序中使用。

比如，人们可以使用图片来帮助受访者记住他们是否见过或者读过某些报纸或者杂志，是否见过某个人，等等。在媒体研究中，这样的辅助有重要的作用。比如，假设研究者想了解人们是否见过某杂志的最新一期，在毫无视觉协助的条件下让他们回忆是非常困难的。他们可能会搞不清楚他们看过的最新一期是这星期的还是上星期的。然而，如果受访者可以看到杂志的首页，同时提问他们是否见过，受访者可能会正确地回答这一问题。

从技术上讲，在自我管理问卷中应用这些程序并不困难。可以扫描图片并且存储在访问的软盘中。在问题的文本中,我们可以给出一些指示说明让受访者按下某个功能键来调出图片(Sociometric Research Foundation, 1988)。当他们按下这一功能键时,图片就会出现在屏幕上。当受访者希望返回问卷时,他们可以按下同样的功能键以返回。如果图片不会覆盖整个屏幕,它也可以嵌入到问卷的文本中。在现代文档编辑软件的帮助下,这些程序的制作并不困难,但需要时间。

图片在软盘上占据大量空间的事实也许会引起一些问题。一个全尺寸的图片需要 64 千字节。一个解决方式是将不同的图片合成到一个屏幕上,此时,64 千字节的空间可以包含四张图片而非仅仅一张。另一个方式是使用比屏幕尺寸更小的图片。第三个可能的办法是使用更大容量的硬盘,虽然这可能更加昂贵。

日历的使用

视觉协助的另一个应用是在访问中使用日历。在文献中,经常提到记忆效应、记忆缺失以及记忆层叠(telescoping)的问题(Sikkel, 1985; Sudman and Bradburn, 1974)。在文献中,这一问题的解决方案是通过日历提供时间的参照点。在访问员管理的访问中这比较困难,但在自我管理访问中,这完全不是一个问题,程序可以按照像我们前面处理图片的方式一样设计。如果受访者按下了功能键,日历就会出现,如果他/她再次按下,则会回到问卷界面(Kersten, 1988)。许多著名的事件能够在日历中被标出,比如全国假期(如纪念日)以及宗教仪式(如圣诞节);受访者以及其他家庭成员的生日也能够被包含到日历中(如果我们有这方面的信息)。如果日历中包含了这些信息,受访者就医、购物或者其他行为的时间就会被更精确地定位出来(Loftus and Marburger, 1983)。

总结和修正界面

可以提高自我管理访问的数据质量的一个类似办法是总结和修正屏幕(summary and correction scree,或 SC 屏幕)。在第 1 章中,我们提到在 CADAC 里,受访者和访问员需要面对答案是通过键盘输入的但问题是呈现在屏幕上的一个缺陷,这会导致一些错误。同时,由于其他原因数据中也会出现错误。这些错误可能是值域检查(range checks)以及一致性检查所探测不到的。如果跳转问题取决于这些回答,可能会导致在接下来的访问中出现问题。因此,人们开发出了 SC 屏幕(Kersten, Verweij, Hartman, and Gallhofer, 1990)。这些屏幕总结了重要的应答,同时允许对这些回答进行修正。这些程序设置在跳转问题之前是尤为重要的。

这一情况的一个典型例子是家庭信息。如果家庭成员以及他们的年龄在访问后期会被用到(比如,挑选成员提问他们上一周的工作时间),家庭的基本信息的正确性就是非常重要的,否则就会出现问题。

可能出现的问题有两方面。一个不那么难解决的问题是,其中一个人的信息并没有被问到。第二个问题,也是更严重的问题在于,比方说某个成员年龄过小不可能工作。在这种情况下,如果没有简单的解决方案,受访者就会出现问题。然而,如果这一信息早早地就在问卷的前部被问到,回到该问题就是非常困难的。在这种情况下,受访者就会有严重的问题。

为了避免这种问题,在SC屏幕上应当总结显示出之后跳转所需要的关键信息。此时,将要求受访者再次核查这一信息。在这里,展示整个程序会比较麻烦,但一个基于四口之家(一对夫妇和两个孩子)访问的典型的SC屏幕如图2.5所示。

对于不正确的信息,关于名字和年龄的问题会再次出现。然后SC屏幕会再次出现,这一程序会一直重复下去直到受访者对结果满意。这一程序并不完全保证数据的正确性,但它却能够使得数据质量比不用SC屏幕的情形更好。

Person 人名	Age 年龄
(1) John	40
(2) Mary	39
(3) Harry	17
(4) Lucy	12

Please check carefully whether the names
and ages of the people in the table are correct
because other questions depend on this
information being correct.
请仔细检查这些人的名字和年龄是否正确,
因为下面的提问与其有关。

If all information is correct, type 0
and press F5
如果所有信息正确,请输入0并按下"F5"键。

If lines are incorrect type their numbers
with a return in between and press F5.
如果上述信息有误,输入他们的号码按下回车键并按"F5"键。

图2.5 四口之家的典型SC屏幕

心理测量尺度

前面的部分已说明,除非使用卡片,否则访问员管理的访问不能使用包含众多类别的量表,因为受访者并不能记住他们听到的所有类别。但在自我管理的程序中,这却不再是一个问题,因为受访者总是能够回看前面的内容。他们有时间这么做,并且所有的信息都呈现在他们面前。这意味着这一限制并不适用于我们这里讨论的程序。然而,该程序不仅可以使用包含很多类别的问题,同时可以使用完全不适用于访问员管理的访问。这些可能性包括利用基于受访者回答的一些计算的测量。这些测量的例子包括模拟评定测量(analogue-rating scales)、发声测量(sound-production scales),以及其他心理学测量(Lodge, 1981; Saris, 1982; Stevens, 1975; Wegener, 1982)。

相比一般通用的分类测量,上面这些测量的优势在于它们允许受访者以连续的度量表达它们的意见。这可以让人们更精确地表达观点(Lodge, 1981)。这是非常重要的一点,因为范多恩、萨里斯和洛奇(van Doorn, Saris, and Lodge, 1983)以及科尔特林格(Költringer, 1991)已经证明将理论上连续的变量按类别测量将导致对变量之间关系估计的偏差。

在测量方面,CADAC 程序的吸引力在于人们能够让受访者通过在电脑上选取电脑自动计算的线段长度来表达他们的观点。这种方式下,人们不需要依赖手工度量,而后者常常被用在早期带有心理测量的实验中(参见 Lodge, Cross, Tursky, and Tanenhaus, 1975)。

此外,目前多样的测量观点的方式使得多次测量人们的观点更加方便。这些重复的观察使得修正测量误差更加容易,同时不至于减弱这些测量的有效性。对这些观点更加细节的讨论,参见心理计量学的文献(比如,Lord and Novick, 1968)以及社会计量学的文献(比如,Andrews, 1984; Saris, 1982; Saris and Andrews,即将出版)。

然而,这些程序也不是完美无缺的,因为人们回答问题的方式具有很大的差异。每一个受访者用他们自己的尺度表达他们的观点,但是因为受访者内心对这些回答的尺度设定不同(或按照萨里斯所称的,回答函数的差异①),不同受访者给出的评分并不是可比的。为了补偿这一点,我们需要对受访者给出更复杂的指示说明。在前面的一节中,我们已经说明复杂的指示在访问员管理访问中可能带来的问题,但是这在自我管理的访问中并没有如此严重。在下面一节中,我们会处理复杂指示,同时也会对心理测量进行说明。

复杂指示

心理学测量(以及其他问题)要求复杂的指示,但这在访问员管理访问中可能带来问题,但在自我管理的问卷中却未必如此。原因与前面提到的一样:受访者可以回看前面的内容并很快地找到他们忘记的部分。我们会使用一个心理测量的例子来说明这个观点,同时讨论受访者之间的回答尺度函数差异的问题。邦(Bon, 1988)已经证明,修正回答函数

---

① 回答函数对应 response functions。——译者注

的个体差异是不可能的。因此，如果人们希望使用微观数据研究变量之间的关系，唯一可能的方法是尽可能防止回应函数的变异。萨里斯、范德普特、马斯和塞普(Saris, van de Putte, Maas, and Seip, 1988)、巴蒂斯塔和萨里斯(Batista and Saris, 1988)，以及萨里斯和德罗伊(Saris and de Rooy, 1988)的实验已经表明，给受访者提供两个参照点，而不是通常的一个参照点，能够显著提高数据的质量。换句话说，这些作者建议人们可以使用如下指示：

> 现在，我们将询问你对下面一些议题的看法。如果你完全同意这个观点，画一条下面这么长的线
>
> ————————————————————————————
>
> 如果你完全不同意这个观点，请画一条这样的线：
>
> ———
>
> 你越支持这一观点，你画的线就应当越长。

显然，这一测量方式在访问员管理的访问中是不可能实现的，即使我们使用的是大小的估计而非线段的长短，这些指示仍然过于复杂。

在很长一段时间内，上面的度量已经帮助人们得到了不错的研究结果，其可靠性常常达到 0.90 或者 0.95，这与其他度量相比是很可观的(Saris, 1989)。能够得到好的结果的原因在于 38 点度量尺度(38-point scale)的精确性。另一个原因在于这一尺度是被两个参照点固定的。

这一概览已经说明了自我管理的访问比访问员管理的问卷有更多优势。在前面一节中，我们描述了一些能够提高

数据质量的程序。这里我们再次强调这些优势并不是不需代价就能获得的。他们需要问卷设计者付出更多的努力。问卷的程式化也需要更多的时间和精力。这不仅在于问卷的编写,对于问卷的测试也需要额外的时间。

问卷的测试是非常必要的,其中一个原因在于帮助屏幕是这些问卷的基本组成部分,而在测试过程中,人们才能很好地开发帮助屏幕。关于这些测试是如何进行的,我们在后面会详细介绍。

第3节 | 计算机协助的面板研究

正如之前提到的,计算机辅助的面板研究能够在CATI、CAPI以及电脑辅助的邮件访问(CAMI)、远程访问或者电视传视系统实现。这一章的剩余部分会集中于面板研究的持续性,以及CADAC提高数据搜集质量的可能性。在这一部分中,我们会回到之前提到的一些议题,但其差别在于,现在我们关注的是对同一受访者的持续访问。这意味着个人背景的变量以及随时间变化的变量的信息都是可得的。一个典型的例子是在不同国家进行的家庭花费研究,这些研究一般是通过个人访问以及自我管理的日记的结合实现的。

为了提炼出这些程序,人们发展出了一些新的设备,它们大致可以被分为两类:直接减少错误数量的程序,以及减少受访者任务的程序。第二种程序也可能带来错误数量的减少,但是这种效果仅仅是间接的。我们会分别讨论这两种程序。

数据验证的新程序

数据验证或编辑最常用的步骤是值域检查和先后的一致性检查。在纸笔访问中,这些检查都是在数据搜集之后进行的。但此时访问已经结束,受访者已经不在场,其中的错误也很难被修正。但至少，人们可以清理数据并且基于一些假设给一些错误值重新赋值。

这一方法与计算机辅助访问的一个基本区别在于，对于后者，这些验证程序是在访问过程中，也即受访者在场时进行的。这意味着受访者能够立即修正错误。如果所有必要的验证程序在访问中顺利进行，在数据搜集之后的验证阶段就可以免除执行，或至少在很大程度上减少验证的工作量。

我们目前讨论的所有程序都是从一个访问中获得数据。在面板访问中，人们通过额外的信息来检查数据质量，也即前一次(几次)访问的信息。因此，验证程序就是动态的值域检查和一致性检验、动态的SC屏幕以及动态的日历。下面，我们会依次讨论这些步骤。

动态值域和一致性检验

值域检验是基于我们对之前可能的答案的了解进行的。比如，如果我们提问不同产品的价格，就很容易将“20”错误输入为“200”，这样的错误可能导致这些值比其真实值大10倍甚至更多。因此，很多访问程序都有设定值域检查的部分。比如，INTERV程序能够对连续变量设定下限和上限。如果程序检测到一个落在可接受值域之外的答案，它就会自动在屏幕下方提醒受访者，答案应当在某一值域内，使得受访者需要重新回答该问题。

这些值域检查是“硬检查”(hard checks)，意味着受访者如果不能让其答案落到可接受的值域中，访问就不能进行下去。下面我们将说明，使用硬性检查需要非常谨慎，否则将带来问题。这意味着它一般被用于检查明显的录入错误，并且是在这种错误相当确定的情况下。

在大部分访问程序中可行的第二种检查是对个别问题设定需要提问的条件。这一程序能够被用到一致性检验中，因为这些检验是需要被澄清的问题的条件。我们已经在前面讨论过这方面的可能性，但这里我们会再给一个例子。如果我们对人们的收入感兴趣，我们就会问有工作的人如下问题：

Type＝price range＝［1 200 000］ var＝income

How much did you earn last month?

你上个月赚多少钱？

在荷兰，我们会期望一个介于1 000和（比如）10 000荷兰盾之间（1美元大概相当于2荷兰盾）的回答。所有在此范围之外的值是少数，但并不是完全不可能。这意味着我们不能对这些值进行值域检查。对于1到（比如）200 000的情形，则值域检查也许可以进行。

但为了进行一个更加敏感的检验，我们可以使用“软检查”（soft check），它包含一个仅当第一个问题的答案落在区域之外（低于1 000或者高于5 000荷兰盾）时提出的条件性的问题。这个问题可以是：

Type＝price var＝check

Condition（1000＜income[1] or income＞5 000）

---

① 原文为“1 000＞income”，疑误。——译者注

You gave a very unlikely income of "income"

你给出了一个非常不可能的收入值"收入"

If you made a mistake, press F1 and answer the question again. If the answer is correct go on to the next question by pressing ENTER.

如果你回答有误，请按"F1"键再次回答问题。如果回答无误，请按"ENTER"键继续下一个问题。

这个例子说明以上检验不是硬性的。受访者的回答虽然有些离谱，但有可能是正确的从而应当继续访问；但在99%的情况下，这一回答可能是错误的，因此需要给予受访者一个再次检查并更正回答的机会。

与值域检查相比，后面的这一访问程序已经是非常灵活的，但是它仍然很粗糙，而且可能会惹恼那些收入的确在值域范围以外的人，因为在面板研究中，每一次问到收入问题时，他们都会被要求更正回答。这无疑不是必需的，也不是研究者希望的，因此应当避免从而减少对受访者的烦扰。

因此，这里应当使用基于前期信息修正过的动态值域检查，因为一般而言，$t-1$ 时期的信息与 t 时期是相同的。因此，如果 t 时期的收入被正确存储并下一次能够被使用，这会成为访问中最有效的检查。上面设定的程序可以被修改如下：

Type＝price var＝check

Condition{(.9 * income($t-1$)＞income) or (1.1 * income($t-1$)＜income)}

You gave a very unlikely income of "income"
你给出了一个非常不可能的收入值"收入"
whereas, last time your income was "income($t-1$)"
上次访问时你的收入是"收入($t-1$)"
If you made a mistake, press F1 and answer the question again. If the answer is correct, go on to the next question.
如果你的回答有误,请按"F1"键再次回答问题。如果回答无误,请继续下一个问题。

现在,检验问题被设定为当前收入是否相对上一期变化10%以上,而不是收入异常但是稳定。我们认为这是最有效的检查收入的方式,原因如下:(1)设定的值域可以像人们希望的一样窄;(2)它尽可能多地使用了受访者的信息;(3)那些具有稳定异常值的人们并不会被每次的检查问题烦扰;(4)检验根据情况进行自动调整。如果某人的收入变化了,那么这一检查下次也会变化。

这里我们给出了一个收入问题的例子,但是同样的程序也可以被应用到其他更多的变量上,比如消费构成(Hartman and Saris, 1991)。

动态 SC 屏幕

第二个用来修正错误的动态程序是 SC 屏幕。在面板研究中,这些程序与横截面的 SC 屏幕不同在于,前者可以使用上一期调查的信息。

让我们继续用收入的例子来讨论这一问题。如果我们第一次询问一个家庭的收入,其中五个家庭成员中的三个人是有收入的,那么一个典型的回答可能是图 2.6 所展示的。这个例子说明了一个可能的情形,就是所有的信息都是正确的,但玛丽(Mary)的收入几乎比其他人高出 10 倍从而可能有输入错误。填写问卷的受访者可能会立即发现这一错误并修正它,但对于一个第一次进行访问的程序而言这比较困难。另外,当下一次访问提问玛丽的收入时,动态值域检验会假设她的收入是 9 000 荷兰盾,因此如果受访者回答"900",程序就会作出提示。因为这可能引起混乱,所以这一信息应当在下一次检查之前就被检验。SC 屏幕则可以比较轻松地解决这一问题。

Person 姓名	Income Last Month 上个月的收入
(1) John	2 000
(2) Mary	9 000
(3) Harry	1 200
(4) Anna	0
(5) Elizabeth	0

If there is anything wrong in the summary, type the numbers of the lines that are incorrect with a return in between:
Press F5 if your answer is finished.
如果上述信息有任何问题,输入错误行的号码并按空格。
结束请按"F5"键。

If nothing is wrong, press 0 and F5 to continue.
如果没有错误,输入"0"并按下"F5"键继续。

图 2.6 SC 屏幕的一个例子

在面板访问中,如果进行适当的调整,SC 屏幕可以是非常有效的,它会给受访者提供包含前面信息的屏显以及询问他们是否更正可能的错误。前面的例子对应的 SC 屏幕见图 2.7。

According to our information the members
of your household had the following incomes:
根据我们的信息，你们家庭成员的收入情况如下：

Person 人名	Income in September 9 月份的收入
(1) John	2 000
(2) Mary	9 000
(3) Harry	1 200
(4) Anna	0
(5) Elizabeth	0

If the incomes have changed in October, press the
numbers of the lines that are incorrect with
a return in between; press F5 if your
answer if finished.
如果这一收入与 10 月不同，按下不同行的数字并键入回车键；
完成请按下"F5"键。

If all the incomes remains the same, press 0 and F5 to continue.
如果没有问题，输入"0"并按下"F5"键继续。

图 2.7 动态 SC 屏幕的一个例子

这一程序的目的是尽可能防止录入错误，同时减少受访者花费更多精力。两个目的都可以通过重新设置来实现，其基础是已有的信息。如果没有改变，受访者仅仅需要输入"0"同时按下回车键来回答所有家庭成员的收入。如果仅仅其中一人的收入出现变动而需要修正，那么其他人的收入并不需要重新设置。

若采用这种方式，受访者的任务会变得更加轻松。正如下面讨论的，更重要的一点在于我们可以防止许多录入错误，但与此同时并不需要减少设定的改变。随着时间的改变也被自动纳入考虑。因为这一原因，它的名字叫"动态

SC屏幕”。

动态日历

在前一个部分，我们提到了使用日历来防止不准确的记忆带来的错误，其中包含公共假日以及个人背景变量中的信息。然而，在面板研究中，人们能够得到更多随着时间而变化的信息。比如，人们有可能在日历中标记出他们生活中的事件，如家庭成员去看医生、变换工作、一个特殊的聚会或者其他重要事件。将这些事件引入日历能够让受访者有更多的参照点去决定其他事件发生的时间。这些时间的信息可以通过面板研究中的其他调查来搜集。另外一种可能性是，在问卷的不同部分搜集这些信息，包括学校参与、工作经历，等等。

这样的程序对于搜集生活史(life histories)的信息而言尤其具有吸引力，而生活史目前在社会科学中是一个非常受欢迎的议题。如果没有记忆辅助，生活史是非常难以得到的。一个包含了生活中重要事件的信息丰富的日历对于提高这方面研究的数据质量很有帮助。

减少受访者负担的程序

上面我们已经讨论了几个检查修正数据错误的程序。现在，我们会展示一些减少受访者负担的程序。这些程序并不能直接减少数据中的错误，但是它们却能够减少受访者的负担从而间接提高数据质量，同时减少他们在回答不喜欢的问题时的抗拒心理。这里,我们讨论三种不同的方式:动态SC屏幕的使用、规划(scheduling)以及SC屏幕的分类(grouping)。

1. 动态SC屏幕的使用。在纸笔访问的问卷中,问题的跳转非常有限。因此,很多纸面上的问题并不适用于某些特定受访者。比如,如果有人拥有养老金并不再工作,所有关于从工作获得的收入、假期收入、加班等等的问题就不再适用。然而,在纸笔访问中,这些问题仍然存在,跳过哪些问题、提哪些问题就取决于访问员。如果跳转的条件非常简单,访问员就能够完成这一任务,但是对于比较复杂的跳转条件,访问员则可能没有时间或者能力去正确处理。

在计算机辅助访问中,只要研究者清楚地知道他们想做什么,任何复杂程度的跳转都能够被实现。问卷中自动跳转的优点在于,跳转的过程中不会出现错误,因此会避免部分的无应答问题,同时受访者需要阅读的总量也大大减少。

在上面的养老金例子中,所有关于工作收入的问题都被自动跳过,这大幅减少了问题的数量。类似的方法可以被用到家户、工作、家庭、孩子的学校等方面。

然而,在面板研究中,人们需要考虑到家庭的构成可能会变化:人们会更换工作、迁移到另一处房子,等等。这就意味着仅仅询问一次这些信息是不够的。为了防止可能会使用这些过时的信息进行错误的跳转,我们必须更新这些信息。为了这一目的,SC屏幕是非常有用的,因为它提供了一个信息的总结,同时也能够快速更新。举个例子,家庭的信息会被总结到图2.8中的屏幕上。

According to our records, your situation was as follows in the last interview.
根据我们的记录，在上次访谈时你的情况如下。
Please check if the situation is still the same.
请指出你现在的情况是否与之前一样。

Person 人名	Work/School 工作/学校	＃hours 小时数	Where 地点
(1) John	work	38	university
(2) Anna	work	22	school
(3) Harry	work	38	philips
(4) Mary	school	—	secondary
(5) Elizabeth	school	—	primary

If there is anything wrong in this summary, press the numbers of the lines that are incorrect with a return in between; press F5 if your answer is finished.
如果上述信息有任何问题，输入错误行的号码并按空格键。结束请按"F5"键。

If nothing is wrong, press 0 and F5 to continue.
如果没有错误，输入"0"并按下"F5"键继续。

图 2.8 家庭信息的 SC 屏幕

以这种方式，就不需要再一次询问受访者这些信息。通过展示这些来自上次访问的信息，受访者就能够一目了然地看出来他们家庭成员的情况是否有所变化。如果确实有变化，他们就可以通过对后续的几个问题进行回复给出其新的状况。这一过程通常需要花费 1 分钟。在这一过程之后，更新的信息就能够被之后的访问所使用。

显然，这个程序是非常有效的，尤其在面板研究中。它会节省受访者很多的精力，从而使他们能够集中精力回答新的问题，同时他们的回答质量也会更高。

2. 规划。使用背景信息不仅可以减少问题的个数，同时也能够评估搜集信息的规律性。比如，在荷兰，家庭津贴每三个月发放一次，电话账单也需要每三个月缴付。对于抵押、能源账单等一般也是如此，而保险一般是一年支付一次。不同组织的会员费会在不同的时间缴纳，但是一般而言，会有一个规定的期限。如果只收集一次细节的信息（如数额，最后支付的时间以及它所覆盖的月份数），智能访问的程序就能计算出下一次需要缴付费用的时间。如果需要缴付的数额被存储起来，程序甚至可以做如下提示：

根据我们的计算，上个月你需要缴付你的抵押，交纳的量是____荷兰盾。

上个月，你是否真的交纳了这笔钱？

1＝是

0＝否

如果回答是“否”，那么接下来会有问题提问不交纳的原因，但是一般而言，交纳的量和时间都是正确的。这样的话，相比传统方式下访问所有时点的缴纳情况而言，受访者需要回答的量就会大大减少。

在不需要交纳费用的月份中，受访者需要回答的问题会更少，因为此时相关的问题会被跳过，或者可以使用同样的程序来询问受访者是否不需要在该月份缴费来再次确认或者进行修改。

这一程序，我们称之为“规划”，它已经被用到所有一般的收入和支出的访问中（Kersten et al.，1990）。它显著地减少了受访者的工作量，特别是当这一程序和下面的程序联合使用的时候。

3. SC屏幕的分类。一个降低受访者工作量的简单有效的方式是使用SC屏幕中的项目的自然分组(natural grouping)。这对于收入和支出的调查而言尤为有效。自然分组指的是如下情形:我们以一种一目了然的形式向受访者展示研究者希望他们知道的信息。

如果将这一程序与规划结合起来使用(允许受访者输入"0",并且如果没有任何变动,按下回车键),那么很多索然无味的问题就能够被一个答案在30秒钟之内回答,同时这一程序并不会减少受访者指出变动的可能性,因为受访者可以在屏幕上修正任何数字。

项目的自然分组可以被用到许多不同的主题上(比如,家庭信息采集、家庭收入、家庭花费、保险、会员费,等等)。当得到或花费的数量并不随着时间变化时,这些程序是非常有效并节省时间的。但如果这些数量随着时间有很大变动,使用这些方法就不再有巨大的优势,当然,使用它们当然也不会增加受访者的工作量。

总体评价

总结上面的观点,面板研究在很大程度上允许我们使用之前所有提到的提高数据质量的方法;而究竟能够达到何种程度,则取决于程序是访问员管理还是自我管理的。在这一节中,我们之前讨论过的方法通过改进可以被用到面板研究中。我们已经提到了一些预防错误或者侦测错误同时允许修正错误的程序。这些程序直接提高了数据搜集的质量:我们讨论过的包括动态值域检查、动态SC屏幕以及动态日历的使用。除此以外，我们讨论了一些减少受访者工作量的程序。这些步骤并不会直接带来数据质量的提高，但是它却会通过减少受访者的工作量从而间接提高数据质量。

我们还没提到的一点是，规划程序还有一项优势在于它能够精确提醒受访者一系列任务。通过这种途径，规划是辅助受访者回忆的有力工具。在这方面，这些程序接近于我们在文献中熟知的有界回忆（bounded recall），后者指的是人们被提醒他们上次说过的内容从而为本次访问获得更好的数据质量（Neter and Waksberg，1963，1964，1965）。以我们的方式，这一可能性被延伸为长时间段的记忆辅助，因为最近的记忆并不一定是最必要的，而最合适的记忆往往在过去时间中的某一点上。

当然，使用这些程序也会有一些问题。我们需要担心面板效应（panel effects）的危险，但这一问题并不仅仅在我们提到的这些步骤中才会出现。事实上，所有面板研究都会存在这一问题。但它们也会有独特的问题：受访者可能因为某个选项更简单而选择之。如果我们使用规划步骤，一些时间上的微小变化，比如一个提前的支付或者延迟的支付，都会引起问题。然而，这些错误都可以被简单地纠正。

对于受访者倾向于选择简单选项也就是说没有变化的问题，有两种解决方案。一种是让受访者一个一个确认屏幕上出现的条目是否需要更新，这需要受访者付出更多的精力，但与改变一个数字的差异并不大。另一种是对那些回答没有变动的人引入更多的问题。这些问题可以用来检查为什么其间没有变动。如果两种选项所需要回答的问题都差不多复杂和耗时，受访者以后就不会通过回答不变来减少其工作量。对这一问题的进一步研究非常必要。

第二个问题,也即微小偏离周期性,可以通过额外的提问来解决。比如,在一个使用规划来提问不同周期性支付的问卷中,对周期的偏离可以通过在屏幕上一条一条确认受访者所有没有支付的信息,具体如下:

上个月中,你是否的确没有对下面的条目进行任何支付?

——

——

上面的这些线指示了不同的花费类别,而根据规划步骤,这些类别的花费应当是零。这一程序的优点在于,人们可以对数据的正确性有更大的把握。但另一方面,这会给受访者带来更大的工作量。这方面进一步的研究同样非常必要。

对于支付的延期,解决的方式就更简单了。在这种情况下,没有存储支付或收付的信息就会被存储用到下一次访问中。在下一个月的访问中,受访者会被问到同样的问题。克斯滕等人(Kersten et al., 1990)在他们设计的收入来源的问卷中使用了这一步骤。

这一节已经表明,相对其在截面访问中的表现,计算机协助的面板访问在提高数据质量方面有更多的解决方式,但人们需要非常谨慎地检查问卷。如果没有好的问卷检查程序,复杂问卷有很大的可能会出现问题。除此以外,程序变得非常复杂以至于人们会对问卷的修改非常抗拒,因为一点小小的变动都会很难实现。因此,数据搜集的过程也许会变得很死板。在未来,研究者需要决定数据搜集工具的哪些特征是他们更加看重的:研究的灵活性还是数据搜集的质量。这一点和其他与CADAC问卷设计相关的技术考虑是第3章的讨论主题。

第3章

问卷编写

在前面两章中，我们试图让读者知道，CADAC问卷的设计不仅需要一般的问卷编写的技巧，同时也需要一些与CADAC新技术相关的技巧，而前者往往在教科书中已经有所涉及。在过去，许多CADAC程序的设计者（包括我自己）已经指出，对于一些程序的问卷设计者，他们只需要掌握纸笔问卷设计的一般性技巧。这对于一部分程序确实如此，但当我们设计比较复杂的问卷以及需要使用CADAC系统的新特性时，情况则并非这样。

豪斯（House，1985）、尼科尔斯和豪斯（Nicholls and House，1987），以及豪斯和尼科尔斯（House and Nicholls，1988）的几部著作令人信服地表明CATI工具不仅应该被当做调查问卷，同时也应该被当做电脑程序。他们的观点可以被延伸到任何CADAC工具上。因此，这本书当然也有必要讨论这些工具在程序上的特征。因为豪斯和尼科尔斯已经在这一点上讲得非常清楚，我们在这一章会非常多地依赖他们的论述，但是也会将他们的讨论拓展到其他电脑辅助的数据搜集程序上。

从编程的观点看待问卷设计，工具应合理满足下面的要求。

首要的且最为明显的要求是，问卷应能够按其设计收集到应该得到的信息。尼科尔斯和豪斯已经在他们的文章中强调了问卷不仅应当在正常的情况下（也就是一直继续的时候）得到正确的结果，同时也应当在返回之前、问卷部分修改一些答案的时候或能够进行其他系统准许的活动时，得到的结果也应当是正确的。在一般的情况下，人们已经需要花费很大的力气检查程序是否正确了，更不用提在所有的情形下都需要对程序的正确运行进行检查了。

第二，访问工具应尽量设计得方便后来问卷的修改。这一要求并不能被自动满足。就像我们之前提到的，问卷可以非常复杂以至于一旦修改就不能满足第一条对正确性的要求，研究者可能因此对修改问卷非常抗拒。如果使用CADAC的工具导致了非常僵化的问卷设计，这将是一个非常坏的结果。因此，在这一设计问卷的阶段，人们需要在这点上花费更多的心思。

豪斯和尼科尔斯（House and Nicholls，1988）提到的第三个要求是问卷的可移植性（portability）。可移植性指的是，同一份问卷或者部分问卷应不难适用于不同的研究，同时也不会产生很多错误。当然，人们总是可以通过调整设计新的问卷使其满足上面提到的第一个条件。但是，如果人们在问卷设计阶段就考虑到可移植性这一点会更好，这样的话人们就不需要再花更多的时间在测试问卷上。

最后需要说明的一点是，人们应当将问卷设计为不仅其第一作者，其他人也可修改问卷并能将其在不同的情境使用。如果这一条件没有被满足，就会浪费了在设计复杂问卷上花费的工夫。考虑到高资质专业人员的流动，如果这一要求没有得到认真的考量，即使是最好的问卷，其寿命也会非常短。

为了满足这些要求，人们必须在设计问卷的过程中对其加以考虑。我们会对这些要点做一些大体的评论，而在本章后面的部分，我们会对构建设计的过程提供一些建议，从而将这些规则考虑进去。

我们首先来看第一个要求。很明显，只有在进行了大量的测试之后，人们才能知道程序是否满足这一要求。这些测试可以被分为三个子集。第一个是测试问卷的代码，第二个是测试转题和跳题(skipping)步骤测试，第三个是测试受访者是否能够正确理解。前两个类别的检验评估了问卷的不同方面。即使问卷的代码是正确的，也不能保证它会搜集到合适的信息。

只有在测试代码的正确性时，这两种类型的测试才能够满足要求。他们并不能保证受访者能够正确地理解问卷。这一方面的正确性需要在预调查(pilot studies)中测试。

然而，代码和语义的正确性和可靠性并不能保证其在所有场合的正确性(比如，备份和修改的情形)。尼科尔斯和豪斯(Nicholls and House, 1987)已经正确地强调了这一点，他们认为人们应当将程序设计为在各种情况下都不会导致错误。我们会在之后的章节中再次阐述这一重要观点。在这一章中，我们会集中于满足问卷正确性要求的检验。

第二个重要的要求是灵活性，这样的问卷是较容易被改变的。如果人们设计问卷，使得问卷的修改带来的影响是有限的，这一条件就能够得到满足。换句话说，人们应当非常容易决定程序的哪个部分会受到修改的影响。在电脑编程中的模块的设计就是为了达到这一目的。这就意味着人们将总体程序分解为子任务，然后进一步将其细分，直到它被落实为非常基础的、彼此独立的子程序。通过这种方式，人们可以在程序中独立测试某些部分。这些独立的部分，我们将其称作"模块"(modules)。只要其输入和输出是不变的，一个模块的变化就不会受到程序中其他部分变化的影响。以 CADAC 的观点来看，具有共同话题的一组问题应当被放到一个模块中。这样做的好处是，人们改变一个模块并不会影响到问卷的其他部分。由此，将来需要做的改变已经被考虑到了问卷的设计中。

模块的应用在制作问卷或问卷的一部分中是非常有用的：它具有可移植性。考虑到人们可以根据其输入、输出和功能很轻易地定义一个模块，它们也可以在其他问卷中得到应用。因此模块也符合第三个要求。因此，一个包含众多不同模块的模块"库"(library)可以被用到很多研究中。

最后，使用模块的问卷设计可以使得不同的人更容易理解同一份问卷。但通常来说，这还并不够。一般而言，问卷设计会是相当复杂的，甚至研究者们也很难深入理解彼此的问卷。为了避免这一问题，人们在制作模块时应当有一个详尽的记录，可以是书面记录或在问卷中进行记录(如果 CADAC 程序允许的话)。

一般而言，这一记录能够被保留到最后，但人们一般不会这么做。人们的这种习惯对于问卷的使用寿命具有毁灭性的影响。因此，问卷的记录应当在问卷设计过程中被保留。这样做的另一个优势在于，它能够简化人们的交流。我们会在之后再次提到这一问题。

考虑到上面的问题，我们将一些问卷设计过程中需要考虑的重要步骤总结如下：

1. 先从将研究问题分解为可以在其他地方独立研究的更小任务开始。如果这些小任务或者模块是相互关联的，人们就需要制定它们在问卷中进行的顺序。
2. 为每个模块设计所需要使用的步骤，并用流程图进行记录。
3. 设定问卷、模块中的输入和输出变量、检验或跳转所需的关键值(可能随时间变化)，以及会得到的回应。
4. 测试每一模块的代码和语句以及不同模块间的连接。
5. 为了确认受访者能够以正确的方式理解问卷，人们有必要对问卷进行实地的包含访问员的测试。
6. 确认程序是否能够得到人们预期得到的能够被用到统计分析中的数据。

只有将上述步骤一一成功实践之后，人们才能够确保问卷是否满足其在质量、灵活性、可移植性以及可理解性方面的要求。这同时意味着，人们也能够确保访问工具不会出现太多问题，而得到的数据也能够满足数据要求。

在下一节中，我们会结合例子，对设计过程中的每一个步骤进行阐述。我们将使用的例子是克斯滕等人(Kersten et al., 1990)为调查家庭收入和支出的面板研究而设计的问卷。

第1节 问卷的模块化

在大多数情形下，问卷是非常复杂的以至于很难将其作为一个整体来设计。将问卷分为几个部分，使每部分分别承担不同的任务是更好的方法。为了便于管理模块，人们有时需要将一个部分多次分解。

在上面提到的收入和支出的调查中，我们首先分出了四个部分，然后消费问卷被进一步分为两个部分：一个部分是规律性消费，另一个部分是偶然性消费。这一分解过程使我们得到了以下五个独立的模块：家庭、特殊事件、收入、常规支出、非常规支出。

前两个问卷是用来为后面三个问卷模块提供需要的背景信息的，这样做可以使得受访者回答的问卷规模减小。

家庭部分会提问所有家庭组成的问题。这一信息在提问收入时具有重要作用。比如，12岁以下的儿童不会被问到工作。需要注意的是，家庭部分给收入部分提供信息，但反过来并不如此，因此问卷需要服从某个特定的顺序，但它们的发展是独立的。

在特殊事件部分中，会问到受访者的居住情况以及家庭成员上个月是否生病。这一部分会对所有家庭成员进行提问，因此需要在这一部分之前提问家庭部分。然后，消费信息就会使用部分特殊事件的信息。

一个问卷的信息是否需要用到另一些信息决定了问卷的顺序，我们在图 3.1 中对此进行了说明。我们使用箭头指示顺序。该图说明了问卷需要以一定的顺序进行，即从上到下（对应从家庭部分到规律性消费部分）。

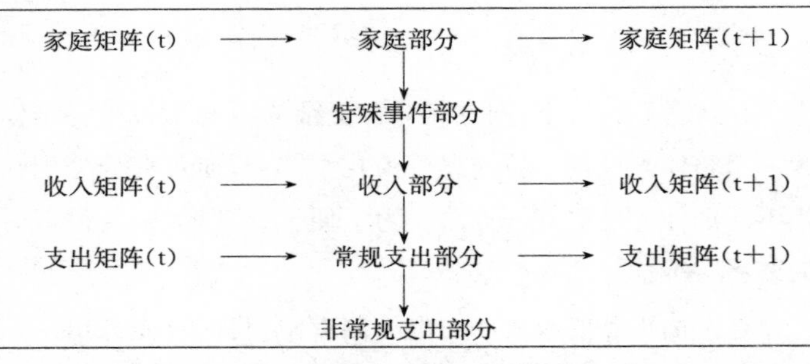

图 3.1　收入和支出问卷的结构

图 3.1 还说明了每个问卷都有其信息源，而其会在第一次访问后被用到，叫做“矩阵”（matrix）。这些矩阵将会被用到动态 SC 屏幕的展示中，从而更新某一方面的信息。这一例子很清楚地说明了将问卷分解为模块是如何进行的。这里，我们将一个非常复杂的问卷以一种简单的方式展示出来。一旦人们明白了这一问题，设计者就可以专心于每一模块而不需要担心问卷中的其他模块。这就是我们对问卷进行分解的原因所在。

第2节 | 模块的设计

在细致撰写问卷之前，制作一个问卷的流程图是很有帮助的。通过这样的方式，问卷的问题会变得一目了然，人们也可以通过看流程图来发现其中问题。流程图的制作有不同的规则(Jabine，1985)。我们将用到的这些规则在家庭部分中展示出来，见图3.2。

图3.2中包含了以下规则：

1. 问卷进程中由程序决定的部分用菱形框表示。比如，如果是初访，程序会按照右边的方案进行，如果是后续的访问，程序就会从左边的方案开始。
2. 问卷进程中由受访者决定的问题会在屏幕上显示。比如，问题"你们家庭中有几个成员?"决定了之后提问成员名字、生日等其他信息的次数。
3. 包含了实际信息的一组问题的阐释性程序会用加粗字体表示。我们将这些程序称为"问题步骤"(question procedures)。
4. 显示的SC屏幕中包含了屏幕和一个问题的组合。比如，这是一个包含文字的SC屏幕：

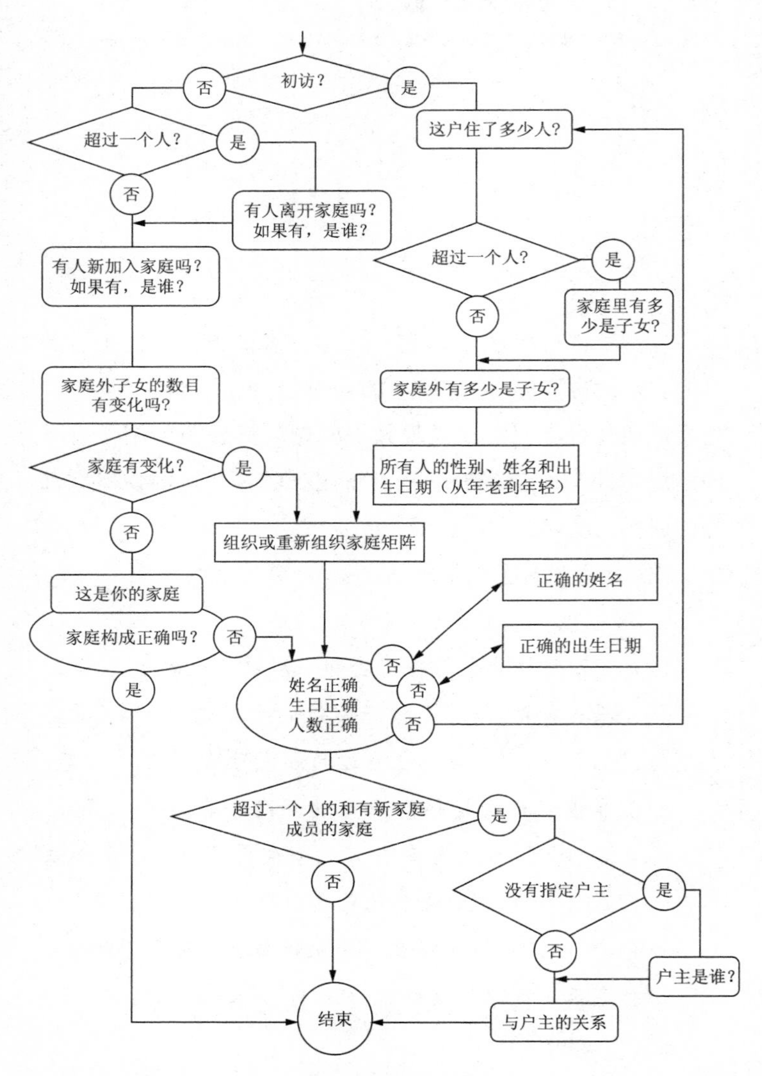

图 3.2　家庭问卷信息流程图

上面的部分指示了 SC 屏幕，下面的部分展示了相应的问题。

5. 进程中的顺序用箭头表示。双向箭头表示程序能够前进或者后退。比如，如果姓名输入错误，程序会回到“修改姓名”的部分，可以让人们修改相应信息。然后，屏幕上会呈现出修改结果，以便受访者再次检查其正确性。如果仍然存在错误，人们还需要对其进行修改，如此往复。

值得一提的是，值域检查和一致性检查在这张图中并未呈现出来。对于大多数问题，我们可以设定对应的检查：对于所有问题，都会有循环和问题的程序，但这会占据过多的空间，同时会让人迷惑。因此，在流程图中，我们并不标出这些检查。

在描述了流程图中的图示之后，我们现在就能够介绍家庭问卷的基本特征了。

首先，我们需要说明该访问是否为初访。如果确实为初次访问，所有基本的信息需要被搜集，而程序会按照图 3.2 右边的顺序进行。一旦所有的信息被搜集到位，SC 屏幕就会被呈现给受访者来让其核对信息是否正确。如果存在错误，他就需要不断改正信息直到正确为止。最后，我们要选择一个户主。当这一选择确定后，问卷就会提问家庭中所有成员与户主的关系。在这些问题结束之后，下一部分的访问就可以开始。

如果受访者需要再次填写这一问卷，程序通常而言比较简单，因为大多数信息（包括姓名、性别、年龄，等等）是不变的。唯一可能变化的是一些成员可能离开家庭或者一些新成员加入这一家庭。

如果没有任何变化发生，受访者就会直接看到SC屏幕，其中包含了家庭所有的信息并会询问其是否正确。如果答案是肯定的，这一部分的问卷就可以结束，新的部分就会开始。如果确实存在变化，人们就需要进行微小的改动，SC屏幕会再次出现，然后这一部分问卷会结束。SC屏幕的使用显然是非常有效的，能够节省受访者大量的时间和精力。

这一例子很好地说明了流程图的作用。在问卷设计中，它是一枚利器。它同时可以帮助不同的对象对问卷进行讨论。

另一方面，仅有流程图的设计仍然是不完善的。经常发生的一种情形是，问卷的最终结构是创造性的过程，这可能影响流程图。但对于研究者之间的沟通以及问卷的记录而言，设计流程图仍是一个有用的工具。

第3节 | 问卷设定

下一个步骤就是问卷设定了。尽管流程图设定了问卷的一些细节,但它仍然独立于程序并且是非常容易理解的。即使基于同样的流程图,不同CADAC程序的文本撰写的差异仍可以非常大。另外,文本撰写的方式也非常不同:一些关于这方面的评论会出现在下一章中。这里,我们会主要关注一些问卷设计的一般性问题。在设计完流程图之后,我们需要采取下面的步骤:

- 按一定的顺序和代码编辑问题。
- 设定分流与跳题。
- 设定尚未设定好的任何步骤。
- 设定一致性检查以及其他以此为目的的问题。
- 设定信息的存储。
- 设定应答的数据存储形式。

在这个过程中,很多新的元素可以被加到问卷中,而为了使问卷对于其他人而言容易理解,我们需要在流程图之外添加信息以便备案。一种方式是提供问卷内容的纸质版以及电子版。但仅仅这么做还不够,下面的建议也许会有一些帮助：

- 如果有对问卷的建议，将其加入问卷的文本中。
- 提供问卷模块中所应用到的所有变量的概览。

第一个建议的例子是在问卷中加入“CORRECTNAMES 程序从这里开始”或者“变量 V1 包含受访者的年龄”或者“家庭成员的年龄以及其与户主的关系的一致性检查”。有了这些注释，问卷的结构会更容易理解。

这里提到的第二点则考虑到了变量的设定。变量的设定有两个目的。第一个目的是指示问卷中常数的取值。一致性检验的标准往往是很主观的。比如，在父亲比女儿大 50 岁或者当他们的年龄差仅仅为 13 岁时，可以提出问题以确认信息是否有误。然而，这些准则是主观性的。为了指明我们使用了哪些准则，以及当它们出现问题时便于修正，我们可以从设定这些常数的取值开始问卷的设计（下面举例说明）：

V60＝50\父亲一女儿年龄差的上限\
V61＝13\父亲一女儿年龄差的下限\

在问卷中，该检验就被写成：

If(age＞v60) or (age＜v61) then ...

如果在随后的研究中，这些准则需要被改动，人们就可以在问卷的伊始对其进行修改，而这一修改会在之后的问卷中涉及V60和V61变量的地方自动实现。这一过程会防止由于遗漏了某些修改而出现程序错误。

变量设定的第二个目的是清楚地指示模块和问卷其他部分的关系。问卷的其他部分只能通过一些问题的变量与某一模块关联，而该模块产生的输出变量的取值或者其他输入变量决定了这些关联。在家庭访问的例子中，输入和输出变量是相同的。这些变量对于所有家庭成员而言，是家庭成员的数量、性别、出生年份、日期、与户主的关系，以及上个月的家庭成员数量和受访者的姓名。表3.1总结了这些信息。家庭部分的模块使用这一信息来设定下个月的SC屏幕(输入)；同样的变量也是每月由这一模块产出的，而这些变量的取值会被用到其他模块中来减少提问数量。

表3.1 家庭中使用到的变量

家庭成员	1	2	3	4	5	6	7	8	9
上个月家庭成员数量	V11	V12	V13	V14	V15	V16	V17	V18	V19
性别	V21	V22	V23	V24	V25	V26	V27	V28	V29
出生年份	V31	V32	V33	V34	V35	V36	V37	V38	V39
出生月份	V41	V42	V43	V44	V45	V46	V47	V48	V49
出生日	V51	V52	V53	V54	V55	V56	V57	V58	V59
与户主的关系	V61	V62	V63	V64	V65	V66	V67	V68	V69
姓名	X11	X12	X13	X14	X15	X16	X17	X18	X19

最后，对每一个模型里面的回答列一个清单给研究人员过目是非常有用的。一种可能性是，不是所有的答案都是研究者所关注的，比如，如果我们进行了一致性检验，研究者就看不到错误的答案。在此情况下，研究者必须非常清楚需要回馈哪些答案而不回馈哪些答案。这在人们需要检查问卷

是否提供了合适的信息时是非常重要的。

问卷的编写仅仅是我们必须完成的任务的一部分。我们需要记住，如果人们希望以后再次使用某一问卷，备案也是相当重要的。

第4节 测试代码和问卷分流

任何新问卷都会有一些错误。这些错误的性质是不同的。一种很难修正的错误类型是代码错误。代码错误指的是不适用于CADAC程序中的语法的代码。如果程序中没有工具能修正这些错误,这会导致很多问题。对于问卷设计者而言,这些错误看上去微不足道,但打错一个括号或者逗号,都可能会打断整个程序,而且很难探查到出现这些问题的地方。

为了防止这些错误的发生,一些CADAC的程序提供了一些菜单导向的编写方式。这使得语法错误并不容易发生。另一方面,这些程序在其他应用上也并不复杂。

其他程序提供了以电脑语言编写问卷的方式。已有的代码可以被整合到一起来制作问卷程序。这些程序往往在汇编阶段有一些工具来指示程序中的代码错误。

最后,有一些CADAC的程序要求问卷设计者在程序中添加说明。本书中提到的INTERV程序就是这样的一个例子。这种程序解读代码并将不同信息呈现到屏幕上。它们通常并没有检查代码错误的工具。如果存在问题,人们会在访问过程中发现它,而此时程序就会以错误终止或者不再呈现正确的问题或答案类别。虽然这些程序具有不需要整合的优点,也就意味着问卷可以被直接使用,但它们的缺点在于它们并不会指示语句错误。在INTERV程序这一例子中,这一问题已经被新近发展的程序(SYSFILE,用于检查代码错误)所解决。

我们并不能对这些检查程序过度一般化,因为它们是很依赖具体程序的。此时我们只需要在此提及这个总体评价。我们在上文中已经强调了模块设计的重要性,也提到了测试的问题。在构建复杂问卷的过程中极为重要的一点是,问卷需要首先在模块级别进行测试,这使得问题的发现和错误的修正更加简单易行。如果人们希望测试大型问卷,一个特定的诊断并不是很有帮助的,因为该错误可能是由其他地方的错误引起的。另外,模块层面的改变引起的影响对于整个程序是有限的,因此这些改变的程度也是有限的。

只有在所有模块已经通过测试并被证实其正确性之后,我们才能开始测试模块之间的连接。如果我们在测试这一连接时发现了问题,那么问题就一定出在其连接过程上。因此,模块的设计能够帮助我们诊断问题。

考虑问卷分流和跳转的测试时,我们有相似的观点:在测试整个问卷前,最好先测试各个模块。事实上,在这种情况下,这一要求更加重要,因为现在还没有可得的正式工具来检验分流和跳转的可靠性,虽然这方面的理论研究正在进行中(Willenborg, 1989)。我们能够发现的明显错误是:(1)由于问题的名称错误导致一些问题不能跳转;(2)有些跳转直接跳到了问卷末尾。

这些问题甚至可以被程序侦测到。比如,上面提到的SYSFILE就可以在INTERV环境下实现这一可能性。但即使是在这种情况下，程序也不能指出究竟哪里出了问题。这一工作只能靠研究者进行。

还有一些分流从编程语句的角度来看是正确的，但从理论上来看是错误的。在测试问卷的过程中，如果问卷得到了非常奇怪的结果，这些问题就会被侦测到。但是问卷也可能看起来是正常的。如果人们没有特殊的工具，在复杂问卷中检测这些错误会非常费时，同时人们需要对问卷应当得到的结果有非常清楚的概念。

程序应当给分流和跳转的结构给予树形或者其他形状的解释。如果这样的解释是紧凑而清晰的，它就能够给我们发现潜在问题提供很大的帮助。开发这种程序应当是调查研究的编程者的首选，因为它们是非常有用的工具。如果没有这些程序，人们就需要依赖于手动检查。这是非常费时的工作，但也是在所有 CADAC 的研究中都必须完成的任务。

第5节 在预调查中测试问卷

就像我们之前提到的，编程语句以及分流跳转的设定正确并不意味着问卷就可以正常运行。以我们和其他很多研究者的经验来看，受访者可能会以不同的方式误解问卷的内容。

正是因为这一原因，在展开大规模调查之前，对 CADAC 的全部内容在小规模的预调查中进行测试是非常必要的。一般而言，这些调查分两个阶段展开。第一个测试是在研究所里由其他研究者进行的，因为一个小组总是比单打独斗更可靠。这无疑是必需的一步，但是这不足以保证受访者能够正确理解。第二个测试就是使用访问员进行小规模的调查，即使在问卷为自我管理问卷类型的情况下。在后面的情形中，访问员不会对受访者读出问题，但是却会听取受访者的反馈或者澄清他们的提问。我们部门（阿姆斯特丹大学方法学院）一般会用到 30 到 50 个访问员来测试问卷。访问员的具体数量取决于访问员是否持续的汇报新的问题。

基于这些报告的问题，人们就会对问题和帮助屏幕说明进行修改，甚至完全改变问卷设计。如果确实报告了很多问题，人们可以考虑再做一次预调查。这种情况就发生在研究时间预算的使用 CADAC 问卷调查的预调查阶段（Kalfs，

1986)。

如果人们对同一个问题有不同的行文方式,但不知道该选哪一种,CADAC就有非常大的优势,因为人们可以通过随机化在不同问卷中的同一问题的行文方式来达到目的(分离抽签实验)。在这种情况下,人们可以随机决定受访者得到哪一种形式的问卷,由此决定哪一种提问方式是最好的。这一实验已经被最近的文献所讨论(Shanks, 1989),但是这种方式已经存在很长一段时间了。

最近,认知心理学家和调查研究者的讨论已经进行到了调查研究者让受访者执行任务的认知分析上了。这些研究提供了对不同形式的任务进行实验的新建议(参考,Blair and Burton, 1986; Silberstein, 1989)。为达到这一目的,CADAC可以起到很好的协助作用。

贝尔森(Belson, 1981)的工作已经很清楚地表明了问卷测试的必要性。他甚至推荐通过深入调查来发现人们如何理解问题。尽管他的观点非常清晰,但人们一般没有时间和财力来进行这种实验。但是,如果在长期研究的情况下,而且人们需要重复使用同一问卷时,研究者当然应当考虑这种方式来谨慎地决定问卷的内容。

贝尔森给出的一个较缓和的替代性建议是,我们在自我管理的CADAC问卷中给受访者提供一页纸的空间,以便他们对每一模块进行评论和提问。一般而言,受访者会汇报他们已经犯过的错误,这能够给问卷中的问题提供很有价值的信息,但有时受访者也会清楚地指出他们觉得有问题的部分。通过这种方式,我们能够搜集一些提高问卷质量的有用信息。

我们一般的印象是,在实际中,这一阶段的工作并没有得到重视。研究者一般而言过早地认为他们对问卷的理解与受访者对问卷的理解是一致的。对于实地检验的设计更充分的讨论,参见纳尔逊的著作(Nelson, 1985)。

第6节 测试数据

测试问卷的最后一个阶段是对CADAC产出的数据的测试。正如我们之前提到的，某些回答可能并没有被储存到数据集中。但是如果程序能够让人们选择是否存储，就有可能犯错。如果人们对问题错误地设定了删除回答的程序，就不会得到统计中需要的数据。这样的错误如果没有被发现，可能会完全毁了一个研究，因为数据在搜集阶段被遗漏而没有存储下来，是永远无法恢复的(不像纸质问卷)。有人建议存储所有的信息，但是有时变量的数量太多以至于人们需要减少这一数量，从而更有效率地分析数据。

许多CADAC的程序能够产生一个系统数据集，它适用于不同的统计软件包。这样的软件使用设定的问卷来产出系统文件的输入。在这样一个过程中，所有变量名字和变量标签的信息都会被提到，同时这一部分能够被用于检查问卷产生的数据集的正确性和完整性。如果这一部分存在问题，人们仍然能够进行修改；如果已经完成了数据搜集，那么就为时太晚了。

在这里，我们特别想提到，上面的设定程序或者子程序是CADAC的一个很有吸引力的部分，因为人们不需要手工制作系统文件，而这将大大节省研究者的时间。在过去，这一工作很容易花费人们三天甚至更多时间。但使用这一程序，这一工作就能够在几分钟之内完成，从而让人们能够在数据搜集完成的几分钟之内就开始数据分析。

然而，对于数据结构的测试，我们推荐在数据搜集之前，就一定要对数据的正确性和完整性进行检验。只有当这一任务完成之后，人们才有信心开始对整个数据的搜集过程。

第4章

CADAC的硬件与软件

这里,我们并不可能给出一个所有现存的计算机辅助数据搜集的硬件和软件的概览,同时这也不是本章的目的。我们在本章要做的是给读者提供选择系统时的一些建议。在这一点上,很少有系统性的信息,因为有很多不同的程序可以利用。可得的信息主要集中在 CATI 系统的评价方面。在这一章中,我们会提出一个考虑到不同应用的更加普遍的方法。也许我们能够通过讨论对硬件和软件的选择,给计算机程序的选择提供一些洞见。我们先从硬件开始。

第1节 CADAC的硬件

有了CADAC的硬件后，我们面临两个问题。第一个是电脑系统的选择，第二个是通信系统的选择。这两个问题是有关联的，但是可以分开讨论。当然，电脑系统的选择是主要议题，我们也以此开始。

从小型到基于个人计算机的系统

计算机辅助的数据搜集从以连接终端与主机或小型机为目的的CATI系统开始(Dutka and Frankel, 1980; Fink, 1983)。所有过程都是在中央计算机上完成的，终端仅仅是展示过程的结果以及收集录入的应答。如果所有的访问员都在一个靠近计算机的房间里工作的话，这样一个系统对于CATI是有效的；但是对于其他我们讨论到的程序，如CAPI和CAPAR，它并不合适。

尽管通过调制解调器与中央计算机连接的终端可以被用到其他地方，但这事实上并没有发生。在个人计算机上的计算机辅助访问的实验在1980年就开始了(Danielsson and Maarstad, 1982; Palit and Sharp, 1983; Saris, de Pijper and Neijens, 1982)。个人计算机更加灵活，因为它们能够独立于中央计算机运行。考虑到它们更好的便携性能，个人计算机能够适用于个人访问的CATI或者CAPAR中。因为很多包含受访者的人群，包括医生或者商人，都在家里有个人计算机，它们的系统也适用于计算机辅助的邮件访问(CAMI)之中。

使用CADAC的个人计算机(特别是MS.DOS)为基础的一个主要系统优势是，除了减少成本之外，同样的访问程序能够被用到不同的应用中。这意味着研究人员仅需要熟悉某一程序或数据搜集，同时数据搜集能够以不同的方式进行。在前一章中，我们提到了能够被用作自我管理的CADAC访问的程序也适用于其他应用，但这对于比较旧的基于小型机的系统(mini-based systems)并非如此。一些旧的系统现在也有了适用于基于个人计算机的版本，因为个人计算机系统适用于非常宽泛的不同应用。

一些机构宣称这一宽泛的应用是它们系统的一个特色。我们希望在这里已经说清楚，这一点对于基于个人电脑的系统而言并不特殊，因为所有基于个人电脑的系统都有这一潜力。基于个人电脑的系统的多功能性取决于人们在开发不同应用和管理系统之间的互动上所做的努力。

我们已经表明了对个人电脑基础系统的广泛应用的偏好，对于MS.DOS系统也是如此。现在，我们来看下一个选择：交互系统(communication system)。(但首先，我们应当强调对于基于个人计算机的系统的这一偏好并不意味着基于小型机的系统对于CATI的应用没有价值。有一些非常复杂的基于小型机的CATI系统，它们也能够与基于个人电脑的系统媲美。但如果人们选择这样一个系统，就应当意识到需要去学习一个新的程序，特别是在他们希望使用CADAC其他应用的情况下。）

CADAC的交互系统

选择基于计算机的系统并不会限制对交互系统的选择或者对中央计算机的选择。在原则上，有四种不同的程序可供选择：单机（stand-alone）或基于邮件的（mail-based）系统、基于宽区域的调制解调器的（wide area modem-based）系统、局域网、个人电脑和中央计算机之间的直接连线。

基于个人电脑系统的最基本的用法是作为单机使用，从而在不与中央计算机连接的情况下搜集数据。在这种情况下，程序、管理和访问能够通过邮件传送，或者直接递交给访问员——如果数据搜集与研究中心非常邻近的话。当访问结束的时候，就可以上交数据软盘，而结果就会被储存到中央计算机中以供分析。在这种方式下，人们不需要交互系统。这样的方式虽然很省钱，但是它只能在小规模下进行。如果我们有10个以上的单机，那么这样的方式就不那么可靠了，因为人们在将数据录入软盘时很容易犯错误。另一方面，它确实是使用CADAC系统最经济的方式。

第二个系统，也就是宽区域的调制解调器基础系统，对于CAPI或者CAPAR都很有用。信息可以通过与远程电脑连接的调制解调器以及电话线通过电脑上的RS232连接传送。这一类型的系统使得访问以及管理可以通过电话线从中央计算机发送到访问员或者家庭的计算机终端上。之后访问就可以在远程计算机上执行，因为此时个人计算机就能单独执行访问了。以这种方式,可以在距离中心计算机很远的地方独立进行访问。这一系统对于 CAPI 以及 CAPAR 是很有效的,特别是电话访问,另外还有一些分散的 CATI 应用。对于集中化的 CATI 应用,我们并不推荐这一系统,因为在小距离的范围内使用局域网更有效。如果长距离电话在某个国家是非常昂贵的,我们则需要考虑基于分散化的调制解调器的 CATI 系统。

在未来,这些系统都不会用到调制解调器了,特别是新的 ISDN 标准被引入到了电话和数据线中,交互就会变得更加快捷。这对长距离传送图像更有吸引力,因为图像一般要花很长时间传送,同时也很昂贵。对于这些发展及其影响的细节,参见冈萨雷斯的著作(Gonzalez, 1990)。

第三个可能性,也即局域网,已经为集中化的 CATI 系统发展出来。在这一系统中,计算机与服务器(性能更强大的个人计算机)通过特殊的卡片和同轴电缆连接起来,提供了短距离电脑之间的快捷通信。在局域网中,电脑能够独立工作,但是仍然常常通过网络与服务器传送信息。这一系统被叫做"局域网"表明了这一系统对于 CATI 是很有用的,虽然现在局域网已经能够被用做远程工具了,它对于 CAPI、CAPAR 和 CAMI 也有利用价值。在系统中,电脑和服务器之间传送的信息是多样的。传送的频率和每次被传送的信息量取决于管理程序。比如,人们希望给访问员一组名字及其代码,然后这一组的工作全部完成后将所有信息反馈回去。也可以让服务器完全控制整个过程,每一项单个任务结束之后,电脑就与服务器进行联系。根据不同的管理系统,电脑对服务器的依赖性可大可小。

最后，将电脑作为一个与中央计算机连接的终端，可以模拟老的基于小型机的系统。在这样一种系统中，电脑并不独立工作，因为它们只在屏幕上显示出计算机与中央计算机相互传递的信息，这对于集成化的CATI系统是有意义的，但对其他系统则并不适用。这一系统现在看起来可能过时了，因为它忽略了个人电脑最重要的优点，也即它能够作为数据搜集的独立系统而工作。为了使用一个不同的数据搜集系统，人们需要重写整个访问程序。

从上面的讨论中，我们应当很清楚将个人电脑用作单机的系统是很有吸引力的，因为它们能够被用到很多不同的应用中去。这对于前面三点尤为如此，尽管第一条仅仅在我们希望对这些系统的可能性进行测试的时候才是合理的。实际研究的最好选择是基于宽区域的调制解调器系统和基于局域网的系统。它们也可以合并起来使用。它们的有些应用要求不同的管理系统，但是访问程序可以是相同的。不同的程序是否能够为不同的应用提供便利取决于在开发管理系统上花费的精力。因此，考虑到可能的不同应用，我们没有理由偏爱其中的任何一个。最终的选择应当取决于计划如何应用以及对应软件的潜力。

第 2 节 | CADAC 软件

除了硬件的选择，人们也需要对软件进行选择。这里我们有两个选择，但彼此并不独立。大多数情况下，软件是由一个特定的硬件系统提供的（比如，单机电脑、基于局域网的系统、基于调制解调器的系统，或这些系统的组合）。因此，下一个问题就是："我们对软件的要求是什么？"这一问题在CATI系统中已经得到了一致的回答（Baker and Lefes，1988；Nicholls，1988；Nicholls and Groves，1986）。功能性的要求可以被很简单地推广到其他 CADAC 应用中。下面就是对软件的要求：

1. 样本管理应当由系统而非研究者实现。
2. 访问员和受访者的联系或者家庭成员中受访者的选择应当由程序规划。
3. 在线访问应当由程序来安排。
4. 访问工作的数量和质量应当由系统控制。
5. 系统应当或多或少地自动产生适用于统计分析的数据集。

我们在这里希望添加第六条要求：

6. 问卷制作系统应当简单易操作,并应当提供足够的灵活性以及测试工具。

我们现在对这些要求做一些简要的评论。

样本管理

即使从总体中抽取的样本是一样的,不同的CADAC程序使用的抽样框却大相径庭。对于CATI,人们能够用电话号码簿或者随机号码拨号的方式,对于CAPI,人们则可以使用地址名称作为抽样信息源。但不管抽样框如何,一个程序应当总能够从给定的例子中抽取样本。另外,程序应当能够跟踪数据搜集的结果:是否联系到家庭,如果是的话,这一联系的结果如何,为什么家庭拒绝访问,等等。程序应当能够组织所有这些信息。如果这项工作是研究者用纸笔进行的,那么研究者需要花费大量的精力,同时还可能作出错误以及武断的决定。这已经被帕利特和夏普(Palit and Sharp, 1983)有力地证明过。想象一下研究者希望访问有某个特定特征的人群,而其在家庭中的发生率仅为10%,而研究者希望访问1 000个这样的人。那么,为了实现这项访问,我们就需要对10 000人展开访问。如果我们采取随机拨号的形式,其成功率为30%,我们就必须对30 000人拨打电话从而实现1 000个受访者的规模。这个例子展示了在中央计算机中采取基于计算机的管理系统的必要性。

联系规划

在每个应用中,人们使用不同的程序来选择、管理和规划这些访问中的联系。在 CATI 系统中,需要选取访问员和电话的组合,同时系统需要分配每一组合要拨打的电话列表。在 CAPI 系统中,需要选择访问员和地址的组合,同时系统会决定每一组合需要访问的地址列表。但在电话访问中,如果并非所有家庭成员回答同样的问卷,电脑仅仅需要组合一下访问与家庭成员。

在所有的应用中,人们需要管理工作的状态,以及决定下一步应当做什么。如果程序运行顺利的话,电脑都能更出色地完成所有这些任务。这并不是说电脑程序能包办一切。事实上,研究者仍然需要在此过程中作出很多决定。

尽管这些管理程序在任务方面非常接近,根据所使用的应用,它们对不同模块的要求是非常不同的。通常而言,并不是所有程序都能够运行所有的模块:这些程序往往专门针对一种应用。

在任务管理方面,不同程序也具有其特点。一些程序(CATI 导向的系统)主要依靠中央计算机组织任务。以 CAPI 和 CAPAR 导向的系统则主要在个人计算机上组织任务,其优点在于,即使网络出现了问题,系统也可以继续运行。这对于其他系统并不成立,因为它们更加依赖中央计算机。

在线访问

在前面关于 CATI 程序的介绍中,我们提到了 CATI 系

统必要的特征(Nicholls, 1988; Nicholls and Groves, 1986):

1. 系统将问题说明、调查问题以及回应类别显示在电脑屏幕上。
2. 屏幕可以包含基于前面回答或记录的批量输入的文字填充或者隔位。
3. 封闭式问题的答案可以是数值型或者字母型编码,这些编码和其他数值录入可以用一系列允许的值、值域或者逻辑性、算术性的运算修改。
4. 编辑错误会导致不被接受的录入(要求再次输入)或者额外的探测性问题出现。
5. 在开放性问题中可以输入扩展性的文字回答。
6. 对下一条目的跳转是自动实现的,它们需要建立在对先决条件或数据输入的逻辑或者算术的检查之上。
7. 在访问过程中,访问员和受访者可以打断和恢复访问,回复、备份或者改变之前的录入(如果允许的话),以及在合适之处作出访问标注。

这些特征能够很容易地推广到任何CADAC系统,但它们仅仅给出了这些程序的最低要求。有两个非常缜密的对CADAC电脑程序的评估。这些评估(Carpenter, 1988; de Bie et al., 1989)提供了更多的准则以及基于这些准则的对程序的评估。评估的准则包括问题类型的数量、问题和答案类别的随机化,以及高亮提示的功能。还有更加细节的评估准则,比如跳转(if, then, else)的程序以及其他的可能性。然而,这里我们并不展开讨论所有的标准;另外,这些程序的变化非常快，而它们在过去的两年中已经变得非常先进。然而，这些评估也说明了最为缜密的系统具有我们提到的最重要的特点。我们认为，这些报告可以让读者对这些准则更加敏感，特别是当读者需要决定他们要购买哪一种 CADAC 软件时。这方面研究的一个很好的例子是康内特等人的著作(Connett et al.，1990)，他们需要决定在调查研究中心使用何种新的 CATI 系统。

还有两篇专业论文是评估 CAPI 系统的(Couper and Groves，1989)。这些文章都是很有意思的，因为它们比较了不同程序中电脑和访问员的界面。MS.DOS 电脑最常见的互动是菜单系统，其中受访者需要输入回复类别的数字。然而，还有许多其他方式可以被考虑。GridPad 提供了设备，让人们可以在屏幕上出现的框中将答案以大写字母录入。Datellite 则提供了触屏界面，让人们可以通过触摸回答问题部分的屏幕来进行应答。

除了库珀(Couper)和格罗夫斯的界面研究之外，还有一种常用的界面也是菜单系统，但人们可以通过键盘或鼠标将光标移动到合适区域来作答。一个完全不同的方式是使用条形码来标明类别，并使用条形码识别器来进行编码。

库珀和格罗夫斯(Couper and Groves，1989)为关于界面选择以及数据质量的研究取得共识开了先河。在他们最近研究的基础上，他们的结论是：

> 手写识别和触屏识别两者都比传统的笔记本电脑在速度和错误种类方面表现得更差。然而，如果人们对这些设备有较高的熟悉程度和足够的训练，这些差别就

会消失。另外，这些技术仍然在孕育阶段。我们预期，硬件和软件的发展(一些已经可以看到)会使这些系统更加容易被使用，更不可能产生错误。

尽管他们的结论非常有意思，对这一问题仍需要更多研究，因为我们还不清楚哪个数据录入系统对调查研究是最优的。这些研究的结论可能是，该选择取决于我们希望搜集的数据类型和质量。

近来，不同软件包的一个区别主要是基于屏幕使用的另一个方面。这些CADAC程序包括基于项目的(item-based)、基于屏幕的(screen-based)和基于表格的(form-based)系统(Nicholls, 1988)。基于项目的系统每次呈现一个问题及其回答篇幅，在每一条目之后显示编辑，并在下一个条目出现之前消除这一屏幕的内容。基于屏幕的系统在一个屏幕上呈现多个问题，但其跳转仍然在程序的控制之内。新近发展的基于表格的系统也在一个屏幕上呈现多个问题，但访问员或者受访者可以在屏幕上任意移动并以任何次序回答问题。在所有问题都被回答之后，其编辑结束。

尽管这些区别是很有趣的，但CADAC系统不能以这种简易的方式加以区别。这些系统对新要求的适应性很强，因此基于项目的系统提供的工具也能够媲美基于屏幕和基于表格的系统。因此，这些系统并不能被简单地进行总结，而对它们的选择也不能完全根据它们这方面的特征。

当然，还有我们之前没有提到的其他准则。这里为了引起大家注意，我们将其列示如下：

- 访问的最大长度。
- 为特定目的而将复杂问卷整合的设备。
- 对问卷进行改变的程序的灵活性。

一些程序通过限制使用问题的个数或者程序关于访问内容的被压缩的大小来控制问卷的长度。由于一份个人化的问卷可以是非常长的,因此这是一个重要的准则。

第二点强调的是一个明显的要求,也即,人们应当能够让问卷如其所愿。一些 CADAC 程序使用起来非常简单,但是在问卷设计方面却并没有足够的灵活性。

第三点与我们之前对问卷设计和调整的灵活性的讨论有关。一般认识到这个问题的人们会考虑使用的问题的数量或者屏幕的数量。如果人们希望改变问卷,而问卷的分流取决于某些数值,人们就需要改变问卷中所有的数值,而这种系统出现问题的概率非常高。我们之后会回到这一点上。在评估高质量的 CADAC 系统时,下面的三点需要被纳入考虑。

质量和数量的控制

在 CATI 系统中,质量监控和访问员的工作量控制之间有一个主要区别。后者是通过搜集通话数量、通话结果、通话时间、生产率、回复率等信息实现的。在其他应用中,这个区别就不一定存在,但质量控制仍然可以通过对正确编码的次数、文字回复的长度、多选题中被提到的选项的个数等来做到。

如果程序能够自动汇报这些问题，这显然对人们有帮助。另外，如果信息是可得的并且能够进行统计分析（在大多数程序中都能实现），那么这一特点本来就非常有吸引力。因此，这一点并不会导致对不同程序的差异评价。

系统文件的生成

生成可以在一般的统计包（SAS、BMDP、SPSS）中进行统计分析的系统文件应当是 CADAC 系统的基本功能。一些统计包给 CADAC 数据提供他们自己的统计软件包，但它的吸引力并不大，因为这个软件包永远不能像其他知名的软件一样完善。因此，大多数好的 CADAC 程序会在问卷中可得信息的基础上提供一些进程，然后以不同统计软件包的格式生成系统文件。

尽管我们并不认为 CADAC 的这一特征是选择 CADAC 系统中的重要原则，因为所有缜密的程序都有这一功能，但我们也不想低估这一点的重要性。在过去，为了生成系统文件而开发正确的输入文件需要花费一个礼拜。有了 CADAC 系统中的自动程序，这一工作可以在几分钟之内完成。这是 CADAC 系统的一个重要优点。

问卷制作系统

最后，我们会让读者的注意力集中于评价用 CADAC 系统的制作问卷的不同方面。

一些系统看起来很有吸引力，因为它们的问卷制作过程很简单,大多数是菜单导向的。然而,当人们希望修改问卷时,这些系统常常是最不灵活的。在其他极端的情况下,有一些问卷制作系统或多或少地使用到了电脑编程语言。这些系统在设计问卷方面当然具有相当的弹性,但问卷设计者就必须是电脑程序员,或者至少拥有编程能力。

在系统中,有个中庸的选择是基于问卷文本以及计算机符号的。在这样的系统中,如在本书经常举例提到的INTERV程序中,编写问卷可以非常轻易,而编写复杂问卷的可能性则取决于程序提供的工具了。以我的经验来看,这些可能性就像不同程序的系统一样是无限的。

一个相关的观点是,在必要的时候,人们应该很容易修改问卷的内容。一如我们之前说过的,在问题中或屏幕上使用数字的时候就会带来一个典型的问题。另外一点是,人们应当很容易地开发独立模块,而这些模块能够在不同的问卷中也被容易地组合起来。大多数程序都会提供这一功能,但这些功能是否能够被正确使用则取决于问卷的设计者(见第3章描述)。

一个可能在不同程序中有较大变化的特征是对问卷代码的检查以及深入了解问卷中指定的跳转的结构。第一个功能帮助人们减少在微小错误上浪费的时间。使用计算机语言设定问卷的程序以及需要经过汇编阶段生成访问的程序具有自动侦查错误的功能。

菜单导向的问卷编写程序通过限制开发者的自由度来减少错误的数量。但基于编译器的程序通常并不具有侦测错误的功能。如果某个程序确实有这些功能,它们往往是独立于访问程序开发出来的。人们应当留心在购买CADAC

系统时，这样的程序是否存在，因为它会为问卷开发者节省大量的时间。

一个同样具有吸引力的系统的特征是提供代表问卷中跳转的工具。这些设定可能包含很多错误，如果这些错误又没有被代码检查程序侦测到的话，可能引起很多问题。尽管这些功能非常重要，但它们被大规模使用还需一些时间。

在讨论过我们认为的在选择 CADAC 系统时的重要特点之后，我们也在附录中提供了一个 CADAC 系统的名单供感兴趣的人们参考。在本书的范围内，我们不可能提供对所有程序的评价(参考 Carpenter, 1988; Connett et al. , 1900; de Bie et al., 1989)，但我们要提醒读者，这些评论也可能略微过时，因为 CADAC 程序的设计现在是计算机编程中最有活力的领域。我对在这里仅仅提供有限的参照而表示抱歉。我们期望在不久的将来，人们会发现更多的新方法来提高计算机辅助的数据搜集质量。这也是这个领域如此有趣的原因。

附　录

CADAC 的相关电脑程序

这里，我们提供一个 CADAC 的列表，但我们并不能保证这一名单的完整性，同时也不会对这些程序的质量进行评价。对于这些程序的进一步信息，请参照卡彭特、德比以及康内特等人的著作（Carpenter，1988；de Bie et al.，1989；Connett et al.，1990）。

ACS Query
Analytical Computer Service，Inc.
640 North Lasalle Drive
Chicago，IL 60610
USA
(312)751-2915

Athena
CRC Information Systems，Inc.
435 Hudson St.
New York，NY 10014
USA
(212)620-5678

Autoquest
Microtab Systems Pty Ltd.
2 Tanya Way
Eltham，Victoria
3095 Australia
(03)439-6235

Blaise
Central Bureau of Statistics
Hoofdafdeling M3
P.O. Box 959
2270 AZ Voorburg
The Netherlands
(70)694341

CAPPA
The Scientific Press
540 University Ave.
Palo Alto，CA 94301
USA
(415)322-5221

Cases
Computer Assisted Survey Methods
University of California
2538 Channing Way
Berkeley，CA 94720
USA
(415)642-6592

Cass
Survey Research Laboratory

University of Wisconsin
610 Langdon St.
Madison, WI 53703
USA
(608)262-3122

Ci2
Sawtooth Software, Inc.
208 Spruce N.
Ketchum, ID 83340
USA
(208)726-7772

INTERV
Sociometric Research Foundation
Van Boshuizen Str 225
1083 AW Amsterdam
The Netherlands
(020)-6610961

ITS
Information Transfer Systems
2451 S. Industrial Hwy.
Ann Arbor, MI 46104
USA
(313)994-0003

MATI
Social and Economic Sciences
Research Center
Washington State University
Pullman, WA 99164
USA
(509)335-1511

PCRS/ACRS
M/A/R/C Inc.
7850 North Belt Line Rd.
Irving, TX 75063
USA
(214)506-3400

PC-Survent
CfMC, Computers for Marketing
547 Howard St.
San Francisco, CA 94105
USA
(415)777-0470

Quancept
Quantime Limited
17 Bedford Square
London WC1B 3JA
England
(1)6377061

Q-Fast
Statsoft, Inc.
2325 East 13th St.
Tulsa, OK 74104
USA
(918)583-4149

Quester Writer
Orchard Products
205 State Rd.
Princeton, NJ 08540
USA
(609)683-7702

Quiz Whiz
Quiz Whiz Enterprises, Inc.
790 Timberline Dr.
Akron, OH 44304
USA
(216)922-1825

Reach
World Research
P.O.Box 1009
Palatine, IL 60078
USA
(312)911-1122

参考文献

ANDREWS, F.M.(1984)"Construct validity and error components of survey measures: A structural modeling approach."*Public Opinion Quarterly* 48: 409—442.

BAKER, R.P., and LEFES, W.L.(1988)"The design of CATI systems: A review of current practice," in R. M. Groves, P.P. Biemer, L.E. Lyberg, J. T. Massey, W. L. Nicholls II, and J. Waksberg (eds.) *Telephone Survey Methodology* (pp. 387—403). New York: John Wiley.

BATISTA, J.M., and SARIS, W.E.(1988) "The comparability of scales for job satisfaction," in W.E. Saris(ed.) *Variation in Response Function: A Source of Measurement Error* (pp.178—199). Amsterdam, The Netherlands: Sociometric Research Foundation.

BELSON, W. A. (1981) *The Design and Understanding of Survey Questions*. London: Gower.

BEMELMANS-SPORK, M., and SIKKEL, D. (1985) "Observation of prices with hand-held computers." *Statistical Journal of the United Nations Economic Commission for Europe* 3(2). Geneva, Switzerland: United Nations Economic Commission for Europe.

BEMELMANS-SPORK, M., and SIKKEL, D.(1986) "Data collection with handheld computers." *Proceedings of the International Statistical Institute, 45th Session* (Vol.3, Topic 18.3). Voorberg, The Netherlands: International Statistical Institute.

BILLIET, J., LOOSVELDT, G., and WATERPLAS, L.(1984) *Het Survey-Interview Onderzocht* [*The Survey Interview Evaluated*]. Leuven, Belgium: Department Sociologie.

BLAIR, E., and BURTON, S.(1986) "Processes used in the formulation of behavioral frequency reports in surveys," in *American Statistical Association Proceedings* (pp. 481—487). Alexandria, VA: American Statistical Association.

BOEREMA, E., BADEN, R.D., and BON, E.(1987) "Computer assisted face-to-face interviewing," in *ESOMAR Marketing Research Congress, 40th Session* (pp.829—849). Amsterdam, The Netherlands: European Society for Opinion and Market Research.

BON, E. (1988) "Correction for variation in response behavior," in W.E. Saris (ed.) *Variation in Response Function: A Source of Measurement Error* (pp. 147—165). Amsterdam, The Netherlands: Sociometric Research Foundation.

BRADBURN, N. M., SUDMAN, S., BLAIR, E., and STOCKING, C. (1978) "Question threat and response bias." *Public Opinion Quarterly* 42: 221—234.

BRENNER, M. (1982) "Response effects of role-restricted characteristics of the interviewer," in W. Dijkstra and J. van der Zouwen (eds.) *Response Behaviour in the Survey Interview* (pp. 131—165). London: Academic Press.

BRUINSMA, C., SARIS, W.E., and GALLHOFER, I.N. (1980) "A study of systematic errors in survey research: The effect of the perception of other people's opinions," in C. P. Middendorp (ed.) *Proceedings of the Dutch Sociometric Society Congress* (pp. 117—135). Amsterdam, The Netherlands: Sociometric Research Foundation.

CARPENTER, E.H. (1988) "Software tools for data collection: Microcomputer-assisted interviewing." *Social Science Computer Review* 6: 353—368.

CLAYTON, R., and HARREL, L.J. (1989) "Developing a cost model for alternative data collection methods: Mail, CATI and TDE," in *American Statistical Association Proceedings* (pp. 264—269). Alexandria, VA: American Statistical Association.

CLEMENS, J. (1984) "The use of viewdata panels for data," in *Are Interviewers Obsolete? Drastic Changes in Data Collection and Data Presentation* (pp. 47—65). Amsterdam, The Netherlands: European Society for Opinion and Market Research.

CONNETT, W. E., BLACKBURN, Z., GEBLER, N., GREENWELL, M., HANSEN, S.E., and PRICE, P. (1990) *A Report on the Evaluation of Three CATI Systems.* Ann Arbor, MI: Survey Research Center.

CONVERSE, J.M., and PRESSER, S. (1986) *Survey Questions: Handcrafting the Standardized Questionnaire*. Beverly Hills, CA: Sage.

COUPER, M., and GROVES, R. (1989) *Interviewer Expectations Regarding CAPI: Results of Laboratory Tests II*. Washington, DC: Bureau of Labor Statistics.

COUPER, M., GROVES, R., and JACOBS, C.A. (1989) *Building Predictive Models of CAPI Acceptance in a Field Interviewing Staff*. Paper presented at the Annual Research Conference of the Bureau of the Census.

DANIELS SON, L., and MAARSTAD, P.A. (1982) *Statistical Data Collection with Hand-Held Computers: A Consumer Price Index*. Orebo, Sweden: Statistics Sweden.

de BIE, S. E., STOOP, I.A.L., and de VRIES, K.L.M. (1989) *CAI Software: An Evaluation of Software for Computer-Assisted Interviewing*. Amsterdam, The Netherlands: Stichting Interuniversitair Institut voor Sociaal Wetenschappelijk Onderzoek.

de PIJPER, W. M. and SARIS, W. E. (1986a) "Computer assisted interviewing using home computers." *European Research* 14: 144—152.

de PIJPER, W.M., and SARIS, W.E. (1986b) *The Formulation of Interviews Using the Program INTERV*. Amsterdam, The Netherlands: Sociometric Research Foundation.

DEKKER, F., and DORN, P. (1984) *Computer-Assisted Telephonic Interviewing: A Research Project in the Netherlands*. Paper presented at the Conference of the Institute of British Geographers, Durham, United Kingdom.

DIJKSTRA, W. (1983) *Beinvloeding van Antwoorden in Survey-Interviews* [*Influence on Answers in Survey Research*]. Unpublished doctoral dissertation, Vrije Univeristeit, Amsterdam, The Netherlands.

DIJKSTRA, W., ed. , and van der ZOUWEN, J. (eds.) (1982) *Response Behaviour in the Survey Interview*. London: Academic Press.

DIJTKA, S., and FRANKEL, L. R. (1980) "Sequential survey design through the use of computer assisted telephone interviewing," in *American Statistical Association Proceedings* (pp.73—76). Alexandria, VA: American Statistical Association.

FINK, J.C. "CATI's first decade: The Chilton experience." (1983) *Sociological Methods and Research* 12: 153—168.

GAVRILOV, A.J. (1988, November) *Computer Assisted Interviewing In the USSR*. Paper presented at the International Methodology Conference, Moscow.

GONZALEZ, M. E. (1990) *Computer Assisted Survey Information Collection* (Working Paper No.19). Washington, DC: Statistical Policy

Office.

GROVES, R.M. "Implications of CATI: Costs, errors, and organization of telephone survey research."(1983) *Sociological Methods and Research* 12: 199—215.

GROVES, R.M.(1989) *Survey Errors and Survey Costs*. New York: John Wiley.

GROVES, R. M. and NICHOLLS, W. L., II. (1986) "The status of computer-assisted telephone interviewing: Part II. Data quality issues." *Journal of Official Statistics* 2: 117—134.

HARTMAN, H., and SARIS, W.E.(1991, February) *Data Collection on Expenditures*. Paper presented at the Workshop on Diary Surveys, Stockholm, Sweden.

HOUSE, C.C. "Questionnaire design with computer assisted interviewing." (1985) *Journal of Official Statistics* 1: 209—219.

HOUSE, C.C., and NICHOLLS, W.L., II.(1988) "Questionnaire design for CATI: Design objectives and methods," in R.M. Groves, P.P. Biemer, L.E. Lyberg, J.T. Massey, W.L. Nicholls II, and J. Waksberg (eds.) *Telephone Survey Methodology* (pp. 421—437). New York: John Wiley.

JABINE, T.B. "A tool for developing and understanding survey questionnaires."(1985) *Journal of Official Statistics* 1: 189—207.

KALFS, N.(1986) *Het Construeren van Meetinstrumenten voor Quasi Collectieve Voorzieningen en Huishoudelijke Productie* [The Construction of Measurement Instruments for Quasi Collective Goods and Household Products] (Research Memorandum No. 861117). Amsterdam, The Netherlands: Sociometric Research Foundation.

KALTON, G. and SCHUMAN, H. "The effect of the question on survey response answers: A review."(1982) *Journal of the Royal Statistical Society* 145: 42—57.

KERSTEN, A.(1988) *Computer Gestuurd Interviewen* [*Computer Assisted Interviewing*]. Unpublished master's thesis. University of Amsterdam, The Netherlands.

KERSTEN, A., VERWEIJ, M., HARTMAN, H., and GALLHOFER, I. N.(1990) *Reduction of Measurement Errors by Computer Assisted Interviewing*. Amsterdam, The Netherlands: Sociometric Research Foundation.

KIESLER, S. and SPROULL, L.S. "Response effects in the electronic survey."(1986) *Public Opinion Quarterly* 50: 402—413.

KÖLTRINGER, R.(1991, April) *Design Effect in MTMM Studies*. Paper presented at the meeting of the International Research Group on Evaluation of Measurement Instruments, Ludwigshafen, Germany.

LODGE, M.(1981) *Magnitude Scaling*. Beverly Hills, CA: Sage.

LODGE, M., CROSS, D., TURSKY, B., and TANENHAUS, J.(1975) "The psychophysical scaling and validation of a political support scale." *American Journal of Political Science* 19: 611—649.

LOFTUS, E.F. and MARBURGER, W.(1983) "Since the eruption of Mt. St. Helen did anyone beat you up? Improving the accuracy of retrospective reports with landmark events." *Memory and Cognition* 11: 114—120.

LORD, F.M., and NOVICK, M.R.(1968) *Statistical Theories of Mental Test Scores*. London: Addison-Wesley.

MOLENAAR, N.J.(1986) *Formuleringseffecten in Survey-Interviews: Een Nonexperimenteel Onderzoek* [*Question Wording Effects in Survey Interviews*]. Amsterdam, The Netherlands: Vrije Univeristeit Uitgeverij.

NELSON, D.D."Informal testing as a means of questionnaire development." (1985) *Journal of Official Statistics* 1: 179—188.

NETER, J. and WAKSBERG, J.(1963) "Effect of interviewing designated respondent in household surveys of home owner's expenditures on alterations and repairs." *Applied Statistics* 12: 46—60.

NETER, J. and WAKSBERG, J.(1964) "A study of response errors in expenditures data from household interviews."*Journal of American Statistical Association* 59: 18—55.

NETER, J., and WAKSBERG, J.(1965) *Response Errors in Collection of Expenditures Data by Household Interviews* (Technical Report No. 11J). Washington, DC: Bureau of the Census.

NICHOLLS, W.L., II.(1978) "Experiences with CATI in a large-scale survey." *American Statistical Association Proceedings* (pp.9—17). Alexandria, VA: American Statistical Association.

NICHOLLS, W.L., II.(1988) "Computer-assisted telephone interviewing: A general introduction," in R.M. Groves, P.P. Biemer, L.E. Lyberg, J. T. Massey, W.L. Nicholls II, and J. Waksberg(eds.) *Telephone Survey*

Methodology (pp.377—387). New York: John Wiley.

NICHOLLS, W.L., II, and GROVES, R.M. (1986) "The status of computer-assisted telephone interviewing." *Journal of Official Statistics* 2: 93—115.

NICHOLLS, W.L., II, and HOUSE, C.C. (1987) "Designing questionnaires for computer assisted interviewing: A focus on program correctness," in *Proceedings of the Third Annual Research Conference of the U.S. Bureau of the Census* (pp. 95—111). Washington, DC: Government Printing Office.

PALIT, C., and SHARP, H. (1983) "Microcomputer-assisted telephone interviewing." *Sociological Methods and Research* 12: 159—191.

PHILLIPS, D.L., and CLANCY, K.J. (1970) "Response bias in field studies of mental illness." *American Sociological Review* 35: 503—515.

PULSE TRAIN TECHNOLOGY. (1984) *Limited Questionnaire Specification Language*. Esher, United Kingdom: Author.

SARIS, W.E. (1982) "Different questions, different variables," in C. Fornell (ed.) *Second Generation of Multivariate Analysis* (pp.78—96). New York: Praeger.

SARIS, W.E. (1988) *Variation in Response Functions: A Source of Measurement Error*. Amsterdam, The Netherlands: Sociometric Research Foundation.

SARIS, W.E. (1989) "A technological revolution in data collection." *Quality and Quantity* 23: 333—348.

SARIS, W. E., and ANDREWS, F. M. (in press) "Evaluation of measurement instruments using a structural modeling approach," in P. P. Biemer, R.M. Groves, L.E. Lyberg, N. Mathiowetz, and S. Sudman (eds.) *Measurement Errors in Surveys*. New York: John Wiley.

SARIS, W.E, de PIJPER, W.M., and NEIJENS, P. (1982) "Some notes on the computer steered interview," in C. Middendorp (eds.) *Proceedings of the Sociometry Meeting* (pp.306—310). Amsterdam, The Netherlands: Sociometric Research Foundation.

SARIS, W.E., and de ROOY, K. (1988) "What kinds of terms should be used for reference points?" in W.E. Saris (ed.) *Variation in Response Functions: A Source of Measurement Error in Attitude Research* (pp.199—219). Amsterdam, The Netherlands: Sociometric Research Foundation.

SARIS, W. E., van de PUTTE, B., MAAS, K., and SEIP, H. (1988) "Variation in response function: Observed and created," in W. E. Saris (ed.) *Variation in Response Function: A Source of Measurement Error* (pp. 165—178). Amsterdam, The Netherlands: Sociometric Research Foundation.

SCHUMAN, H., and PRESSER, S. (1981) *Questions and Answers in Attitude Surveys: Experiments on Question Form Wording and Context*. London: Academic Press.

SHANKS, J. M. "Information technology and survey research: Where do we go from here?" (1989) *Journal of Official Statistics* 5: 3—21.

SIKKEL, D. (1985) "Models for memory effects." *Journal of the American Statistical Association* 80: 835—841.

SILBERSTEIN, A. R. "Recall effects in the U.S. consumer expenditure interview survey." (1989) *Journal of Official Statistics* 5: 125—142.

SOCIOMETRIC RESEARCH FOUNDATION. (1988, Spring) "New facilities of INTERV for panel research." *SRF Newsletter*.

SPAETH, M. A. (1990) "CATI facilities at academic research organizations." *Survey Research* 2(2): 11—14.

STEVENS, S. S. (1975) *Psychophysics: Introduction to Its Perceptual Neural and Social Prospects*. New York: John Wiley.

SUDMAN, S., and BRADBURN, N. M. (1973) "Effects of time and memory factors on responses insurveys." *Journal of the American Statistical Association* 68: 805—815.

SUDMAN, S., and BRADBURN, N. M. (1974) *Response Effects in Surveys*. Hawthorne, NY: Aldine.

THORNBERRY, O., ROWE, B., and BIGGER, R. (1990, June) *Use of CAPI with the U. S. National Health Interview Survey*. Paper presented at the meeting of the International Sociological Association, Madrid, Spain.

THORNTON, A., FREEDMAN, D.S., and CAMBURN, D. (1982) "Obtaining respondent cooperation in family panel studies." *Sociological Methods and Research* 11: 33—51.

TORTORA, R. (1985) "CATI in agricultural statistical agency." *Journal of Official Statistics* 1: 301—314.

van BASTELAER, A., KERSSEMAKERS, F., and SIKKEL, D. (1988) "A test of the Netherlands continuous labour force survey with hand held computers: Interviewer behaviour and data quality," in D. Sikkel (ed.) *Quality Aspects of Statistical Data Collection* (pp.67—92). Amsterdam, The Netherlands: Sociometric Research Foundation.

van DOORN, L. (1987—1988) "Het gebruik van microcomputers in panelonderzoek" ["The use of microcomputers in panel research"], in *Jaarboek van de Nederlandse Vereniging Voor Marktonderzoekers* (pp.7—23).

van DOORN, L., SARIS, W.E., and LODGE, M. (1983) "Discrete or continuous measurement: What difference does it make?" *Kwantitatieve Methoden* 10: 104—120.

VERWEIJ, M. J., KALFS, N. J., and SARIS, W. E. (1986) *Tijdsbestedings-Onderzoek Middels: Tele-Interviewing en de Mogelijkheden Voor Segmentatie [Time-Budget Research Using Tele-Interviewing and the Possibilities for Segmentation]* (Research Memo No. 87031). Amsterdam, The Netherlands: Sociometric Research Foundation.

WEBB, E., CAMPBELL, D.T., SCHWARTZ, R.D., and SECHREST, L. (1981) *Unobtrusive Measures: Nonreactive Research in the Social Sciences*. Boston: Houghton Mifflin.

WEEKS, M.F. (1988) "Call scheduling with CATI: Current capabilities and methods," in R.M. Groves, P.P. Biemer, L.E. Lyberg, J.T. Massey, W.L. Nicholls II, and J. Waksberg (eds.) *Telephone Survey Methodology* (pp.403—421). New York: John Wiley.

WEGENER, B. (1982) *Social Attitudes and Psychophysical Measurement*. Hillsdale, NJ: Lawrence Earlbaum.

WILLENBORG, L.C.R.J. (1989) *Computational Aspects of Survey Data Processing*. Amsterdam, The Netherlands: CWI.

WINTER, D.L.S., and CLAYTON, R.L. (1990) *Speech Data Entry: Results of the First Test of Voice Recognition for Data Collection*. Washington, DC: Bureau of Labor Statistics.

译名对照表

38-point scale	38 点度量
analogue-rating scales	模拟评定测量
block	区域
bounded recall	有界回忆
branching	分支
call management	访问管理
CAMI	计算机辅助的邮件访问
CAPI	计算机辅助个人访问
CATI	计算机辅助电话访问
communication system	交互系统
complex fill	复杂输入
conditional statements	条件陈述
dictionary	编码字典
documentation	记录
flexibility	弹性
generator	随机数生发器
grouping	分类
hard checks	硬检查
input	输入
item-based	基于项目的
library	库
life histories	生活史
line	台本
line-production	提示度量
Local Area Network(LAN)	局域网
mail-based	基于邮件的
mini-based systems	基于小型机的系统
modem	调制解调器
modules	模块
NATO(North Atlantic Treaty Organization)	北约
natural grouping	自然分组

panel effects	面板效应
PC	个人电脑
pilot studies	预调查
portability	可移植性
prepared data entry	已备数据录入
proceed	行进
question procedures	问题程序
questionnaire-authoring system	问卷制作系统
RAM	随机存取记忆体
range checks	值域检查
sample management	样本管理
scale	类别度量
scheduling	计划
scheduling of contacts	联系规划
segmentation problem	隔绝问题
self-administration	自我管理
skipping	跳转
soft check	软检查
sound-production scales	发声测量
split-ballot experiments	分离抽签实验
stand-alone	单机
statement	语句
string matching	串数组匹配
summary and correction scree	总结和修正屏幕
tele-interviewing	电话访问
telescoping	伸缩
Touchtone Data Entry, TDE	按键式数据输入
tree-structured coding	树形编码
voice recognition entry	语音识别输入
wide area modem-based	基于宽区域的调制解调器的

Computer-Assisted Interviewing

上海市版权局著作权合同登记号:图字 09-2013-596

图书在版编目(CIP)数据

计算机辅助访问/(荷)萨里斯(Saris, W.E.)著;
武玲蔚译.—上海:格致出版社:上海人民出版社,
2014

(格致方法·定量研究系列)

ISBN 978-7-5432-2422-3

Ⅰ.①计… Ⅱ.①萨… ②武… Ⅲ.①数据收集-计
算机辅助技术-研究 Ⅳ.①TP391.7

中国版本图书馆CIP数据核字(2014)第145610号

责任编辑 顾 悦
美术编辑 路 静

格致方法·定量研究系列

计算机辅助访问

[荷]威廉·E.萨里斯 著
武玲蔚 译 周穆之 校

出 版 世纪出版股份有限公司 格致出版社 世纪出版集团 上海人民出版社 (200001 上海福建中路193号 www.ewen.co)  编辑部热线 021-63914988 市场部热线 021-63914081 www.hibooks.cn	**印 刷** 浙江临安曙光印务有限公司 **开 本** 920×1168 1/32 **印 张** 4.75 **字 数** 92,000 **版 次** 2014年9月第1版 **印 次** 2014年9月第1次印刷
发 行 上海世纪出版股份有限公司发行中心	

ISBN 978-7-5432-2422-3/C·106 定价:20.00元